U0272637

棉花病虫草害调查诊断与决策支持系统

An intelligent decision support system for
diagnosis and management of cotton pests

曾　娟　陆宴辉　简桂良　李香菊　刘　杰　姜玉英　主编

中国农业出版社

图书在版编目（CIP）数据

棉花病虫草害调查诊断与决策支持系统/曾娟等主
编．—北京：中国农业出版社，2017.9
ISBN 978-7-109-23178-8

Ⅰ．①棉…　Ⅱ．①曾…　Ⅲ．①棉花-病虫害防治
Ⅳ．①S435．62

中国版本图书馆CIP数据核字（2017）第174810号

中国农业出版社出版
（北京市朝阳区麦子店街18号楼）
（邮政编码 100125）
责任编辑　张洪光　阎莎莎
————————————
中国农业出版社印刷厂印刷　　新华书店北京发行所发行
2017年9月第1版　　2017年9月北京第1次印刷
————————————
开本：700mm×1000mm　1/16　印张：15.25
字数：350千字　印数：1～5 200 册
定价：98.00元
（凡本版图书出现印刷、装订错误，请向出版社发行部调换）

编写人员

主　编　曾　娟　陆宴辉　简桂良　李香菊　刘　杰　姜玉英

编　者（以姓氏笔画为序）

于江南　于惠林　万　鹏　万宣伍　门兴元　马　平

王佩玲　王惠卿　王蓓蓓　文吉辉　尹　丽　叶少锋

冯宏祖　朱先敏　朱军生　任彬元　刘　宇　刘　杰

刘　明　刘　莉　刘万才　刘定忠　刘盛楠　纪国强

芦　屹　李　辉　李号宾　李克斌　李贤超　李香菊

李海强　李瑞军　李耀发　杨　桦　杨现明　杨俊杰

杨益众　杨清坡　肖留斌　肖海军　张　伟　张万娜

张永军　张建萍　陆明红　陆宴辉　陈　华　周小刚

赵文新　赵宇文　荀贤玉　胡平进　柏立新　施伟韬

姜玉英　秦引雪　耿　亭　黄　冲　黄春艳　曹　烨

龚一飞　梁革梅　揭桂元　曾　娟　简桂良　慕　卫

潘洪生　魏新政

前　言

　　棉花病虫害等生物灾害是棉花生产的关键性制约因素。近年来，由于我国农业种植结构调整、全球气候因素变化、抗虫棉大面积种植等原因，棉田生态系统中各物种的相对地位发生了巨大变化、发生规律趋于复杂，特别是棉盲蝽、黄萎病等在我国多个棉区相继严重发生。同时，由于棉花收购价格波动、植棉比较效益降低等因素影响，我国棉花主栽区已实现从长江流域、黄河流域棉区向新疆棉区的战略性转移；新疆棉区特殊的气候条件、生态环境和种植模式，导致棉花病虫害总体发生为害加重、演变规律复杂化。

　　由于新疆棉区地广人稀、基层植保技术人员缺乏，生产实践中病虫草害症状识别、种类鉴定和防治决策问题突出，迫切需要兼顾科学性和实用性的解决办法。近年来，信息和网络技术迅速发展，特别是智能手机广泛应用，由于其价格低廉、应用简单、操作方便，集通话、多媒体播放、上网等多功能于一体，为棉花病虫草害基础知识的普及提供了契机。基于 Android 和 Windows 操作系统的开源性，在收集整理棉花病虫草害发生概况、形态特征、发生规律和防治要点等数据（文字和图片）的基础上，我们设计开发了"棉花病虫草害调查诊断与决策支持系统"，实现了棉花病虫草害知识库浏览查询、智能诊断、专家会诊、上报信息、下发通知等系统功能，以期为广大棉农和基层农技人员提供实用方便的服务。

　　为总结该系统建设成果、促进其推广应用，我们配套编写了本书。本书包括绪论和9个主要章节，其中，绪论概括介绍了近年来棉花病虫草害的发生和防治情况；第一至七章分别对应系统知识库的7个子库，即棉花病害（21种）、虫害（37种）和杂草（58种）3个主要子库，以及棉花主要害虫（6种）卵巢发育级别、棉花次要害虫（20种）图示、棉花害虫（52种）标本照和棉田天敌昆虫（13种）图示4个子库；第八、九章介绍了系统开发设计原理、功能实现途径和客户端APP应用程序使用指南。本书详尽展示了"棉花病虫草害调查诊断与决策支持系统"的知识库资源、构建原理和使用方法，是普及棉花病虫草害基础知识的重要载体，可为植保专业技术人员做好田间调查和测报防治提供重要依据。

　　由于编者的知识和经验有限，书中难免疏漏和不足之处，敬请读者指正。

编　者

2017年3月

目 录

前言

绪论　我国棉花病虫草害发生与防治概况／1

 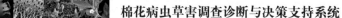

第3章　棉田杂草 / 102

第4章 棉花主要害虫雌虫卵巢发育级别／170

第5章 棉花次要害虫图示／180

第6章 棉花害虫标本照 ／185

第7章 棉田天敌昆虫图示／195

第8章 系统开发设计与功能实现／199

绪 论

我国棉花病虫草害发生与防治概况

1 我国棉花病虫草害发生概况

棉花病虫害是棉花生产的关键性制约因素，一般年份棉花病虫害造成的产量损失达15%～20%，严重年份可达30%～50%。近年来，由于我国农业种植结构调整、全球气候因素变化、抗虫棉大面积种植等原因，棉田病虫害种类的相对地位发生了巨大变化，同时发生趋势也趋于复杂，特别是棉盲蝽、黄萎病等在我国多个棉区相继严重发生，其成灾频率高、为害重。这给现阶段我国棉花生产的可持续发展带来了严重的潜在威胁。

1.1 病害

1.1.1 黄萎病与枯萎病

目前，棉花的主栽品种对黄萎病的抗性均较差，加上常年连作，造成棉花黄萎病发生和流行有逐年加重的趋势。而曾经严重影响我国棉花生产的重要病害枯萎病，则由于抗病品种的培育和推广应用，得到了较好的控制，已不是制约我国棉花生产的主要病害。

1.1.2 苗期和铃期病害

种子包衣技术的推广及广泛使用，对棉花苗期病害控制效果良好，但在一些年份棉花苗期气候异常，局部地区苗病依然严重。铃病常年发生，在雨水多、田间空气相对湿度大的环境中时有严重流行发生，而且引起棉花减产严重。棉花曲叶病毒病在我国局部地区已有发现，以烟粉虱作为媒介进行传播，值得关注。

1.1.3 生理性病害

由于常年连作、覆膜育苗导致残膜在土壤中累积影响根系发育等原因，早衰这一非传统性、非侵染性病害已成为严重制约我国棉花生产的重要问题之一。

1.2 虫害

1.2.1 咀嚼式口器害虫

1）棉铃虫与红铃虫。抗虫棉对棉铃虫具有很好的毒杀作用，抗虫效率一般为90%～95%。目前，我国黄河流域、长江流域等棉区棉铃虫基本得到了控制，种群发生数量普遍较低，各代百株残虫量一般在10头以下，基本无需防治。而北疆地区抗虫棉种植面积小，棉铃虫发生为害仍然比较严重。抗虫棉对红铃虫也有极强的毒杀作用，且由于红铃虫寄主植物范围较窄，因此抗虫棉的种植对红铃虫防治效果尤其明显。目前，红铃虫在我国的发生数量很少，生产上基本不再造成为害和损失。

2）其他害虫。抗虫棉对棉造桥虫、玉米螟、金刚钻等也有较好的毒杀作用，这些害虫在抗虫棉普遍种植的棉区已得到有效控制。棉大卷叶螟主要在棉花生长后期发生，此时抗虫棉的杀虫蛋白表达量与抗虫效率较生长前期有所下降，因此棉大卷叶螟在江苏、湖北等地还有一定发生和为害。抗虫棉对甜菜夜蛾的毒杀效果低于棉铃虫，为60%～70%，目前甜菜夜蛾在生产中有零星发生。抗虫棉中表达的杀虫蛋白对斜纹夜蛾没有明显的控制效果，这种害虫猖獗暴发时会对抗虫棉的生产造成严重危害，近几年斜纹夜蛾为害问题在长江流域棉区比较突出。抗虫棉对地老虎、蝼蛄、金龟子、蛞蝓、蜗牛等有害生物没有控制作用。这些有害生物在我国局部地区棉花苗期有一定发生和为害，个别地区为害严重。

1.2.2 刺吸式口器害虫

抗虫棉对棉盲蝽、棉蚜等刺吸式口器害虫的发生没有直接影响。但由于抗虫棉有效控制了棉铃虫、红铃虫等靶标害虫，棉田广谱性化学农药的使用量随之大幅度减少，这导致一些非靶标害虫地位发生了明显变化，特别是棉盲蝽已从次要害虫上升为主要害虫。

1）棉盲蝽。抗虫棉田化学农药使用量明显减少，给棉盲蝽种群增长提供了空间。田间天敌对棉盲蝽控制力弱，因此抗虫棉大面积种植以后，其种群发生数量剧增，为害加重，已成为当前棉花生产上的首要致灾因子，并呈区域性灾害趋势发展。

2）棉蚜。抗虫棉田化学农药使用量的减少，使得瓢虫类、草蛉类、蜘蛛类等捕食性天敌数量明显增加，从而间接地抑制了伏蚜的种群发生数量。而近年来苗期蚜虫为害问题仍然比较严重，是棉花苗期病虫害防控的一大重点。

3）其他害虫。棉叶螨的天敌控制作用同样较弱，在我国各棉区均有一定发生，特别是在气候干旱年份易严重发生。烟粉虱寄主广泛、虫源丰富，在很多地区发生为害严重，个别地区还出现了"虫雨"现象，棉花这种寄主作物也难逃厄运。目前，烟粉虱已成为棉花生长中后期的一种主要害虫。另外，江苏等局部地区棉田蓟马为害比较严重。而棉叶蝉等害虫基本无需防治。近年来扶桑绵粉蚧传入我国，已扩散至全国9省（直辖市、自治区）的局部地区，对棉花生产构成了新的威胁。

1.3　草害

1.3.1　一年生阔叶杂草

由于棉田连年使用防除禾本科杂草的除草剂，使苘麻、铁苋菜、藜、反枝苋、马齿苋等一年生阔叶杂草为害严重。新疆棉区马齿苋发生程度加重，黄淮流域棉区有的地块阔叶杂草苘麻、苍耳等已经成为优势杂草，上述杂草缺乏适宜的除草剂品种，防除难度增加。

1.3.2　多年生杂草

棉花连作导致多年生杂草如刺儿菜、苣荬菜、苦苣菜、蒙山莴苣、田旋花、芦苇等发生密度增加，因缺乏适宜的选择性除草剂，有逐年加重的趋势。

2　我国棉花病虫草害综合防治

2.1　病虫害综合防治

自"六五"以来，我国科技工作者依据生态学和系统分析的理论和方法，把棉花与环境作为统一的整体来考虑，以棉花及其生长发育、耐害补偿功能为动态主体，以多种病虫害为对象，协调各种防治措施，发挥自然因素的控害作用，根据不同棉区耕作栽培特点和水平以及植物保护工作基础，组建形成了适用于我国不同棉花种植区的棉花病虫害综合防治技术体系。棉花病虫害综合防治技术体系的组建，改变了以往单纯着眼于消灭病虫，把棉花视为完全被动保护对象的观点，而以棉花为主体，以多种病虫的复合体为对象，以经济、生态、社会效益为目标，充分发挥了生态学系统的自我调控作用。由于我国棉区分布广，生态条件和耕作栽培的历史与植保工作基础又不尽相同，除了种植抗病、虫棉花品种、放宽害虫防治指标、协调耕作栽培措施、调节土壤微生物群落、保护利用天敌、科学使用农药等共同的原则之外，还应该体现地区的特点。因此，施行这个技术体系，要按照不同棉区的具体棉田生态条件，实行适合于当地的、区域性的棉花病虫害综合防治技术体系。

2.1.1　农业防治

农业防治是棉花病虫害综合治理的基础，通过农业措施可减轻棉花病虫害的发生为害程度。目前，棉花生产上主要的农业防治措施有以下几种。

1）利用抗性品种。作物抗性的利用是最有效、最经济的病虫害治理手段，抗虫棉花的商业化种植就是一个典型的例子。棉铃虫曾是我国棉花上的首要害虫，其抗药性强、防治难度大，利用化学防治等措施难以有效控制，而抗虫棉种植后短短几年时间，棉铃虫危害问题就得到了基本解决。棉花枯萎病、黄萎病均为土传病害，还没有有效的化学防治措施，只有依靠棉花抗病品种来增强棉花对枯萎病、黄萎病的抗病、耐病能力。近年来，中国农业科学院植物保护所成功选育出了中植棉2号等高抗枯萎病、抗黄萎病的抗虫棉新品种，能有效减轻棉花枯萎病、黄萎病发生为害，在河南、山东、江苏等病害重发的老棉区备受广大棉农朋友的青睐。但目前生产中存在着抗虫棉品种杂、部分品种抗病虫性差等问题，直接导致棉铃虫、枯萎病、黄萎病为害加重，棉花产量损失严重的后果。因此，建议在生产上选用通过审定的转基因抗虫棉品种，同时考虑优选兼具抗病性的品种。

2）实行合理间套作与轮作。棉花与小麦、油菜或蔬菜等作物间套作，可控制棉花苗期蚜害。目前，应用面积最大、控制蚜害效果最好的是棉花与小麦间作。由于小麦的屏障作用和早春小麦上存在的丰富天敌资源，这类棉田棉蚜发生晚、为害轻。在麦收前后，小麦上的大量天敌向棉花上转移，继续控制棉蚜为害，常年麦—棉间作田在棉花苗期可不用喷药治蚜。棉花与圆葱等蔬菜类作物间作，虽然对棉蚜的控制效果没有麦—棉间作效果好，但它不影响前期棉苗的生长，在人多地少的高肥水棉区，可充分利用棉田土地，获得较高的经济效益。棉花与油菜间作有较好的控制苗蚜作用，但在6月上旬前要及时铲除油菜，以免影响棉苗生长。棉花与禾本科等作物实行3年以上轮作，或实行棉—稻轮作，可有效降低土壤中的棉花各种病原菌数量，减轻土传病害如枯萎病、黄萎病的发生与为害，能起到良好的防病作用，同时也能减轻部分虫害的发生及为害程度。育苗移栽的苗床土，要每年更换，最好用种植禾谷类作物田的土壤，并施入充分腐熟的有机肥，保证棉苗在苗床内生长健壮。

3）种植诱集植物。种植诱集作物，能较明显减少棉铃虫在棉花上的落卵量，控制棉铃虫对棉花的为害。依据河北省邯郸棉区的经验，在棉田点种高粱，即高粱诱集带（每隔6行棉花，在宽行垄沟中点种高粱，株距2m），可显著减轻三、四代棉铃虫的卵量和伏蚜的为害。有的棉区在棉田种植玉米诱集带，种植方式同高粱诱集带。棉田种植高粱或玉米诱集带，密度均不能过大，以免影响棉花的通风透光。在棉田四周种植绿豆或蓖麻诱集带，结合诱集带上定期施药，能有效地诱杀绿盲蝽成虫，减轻其在棉田的发生为害。在棉田田埂侧播种苘麻诱集带，能减少烟粉虱与棉大卷叶螟在棉田的发生为害。

4）科学农事操作。通过培养壮苗，可以提高棉花的抗病虫能力。播种前采取精选种子、晒种以及温汤浸种等措施，可提高棉种的发芽势和发芽率。利用杀虫剂和杀菌剂对棉花种子包衣，能增强棉花苗期的抗病虫能力。棉花无病土育苗移栽，可以避过病害苗期侵染，增强棉苗抗病能力，减轻苗期病害发生。直播棉田，在棉苗出土后早中耕、勤中耕，以提高地温，疏松土壤，可以促进根系发育，减轻棉苗病害的发生。

利用农事操作可直接减轻虫口密度，控制棉花病虫害的发生。有效的主要措施是在棉苗期进行间苗、定苗时，将拔除的棉苗带至田外，可防止被拔除棉苗上的蚜虫、棉叶螨重新转移到其他棉苗为害。及时拔除棉花病株，清理四周的病叶并带出田间，防治棉花枯萎病、黄萎病的转移扩散。结合棉花整枝、打杈，进行棉铃虫、斜纹夜蛾、棉大卷叶螟、棉盲蝽等卵、幼（若）虫以及烂铃的人工摘除。对于抗虫棉品种，建议将第一个果枝去除，防止棉花过早进入生殖生长，促进根系健康生长发育，可有效防止棉花黄萎病和早衰的发生。清除田边地头杂草并集中处理，以降低病虫害的发生程度。

注意氮、磷、钾肥合理搭配，做好有机肥与复合肥相结合，增施钾肥及微肥，切忌偏施氮肥，以防止棉花生长过旺和早衰。当棉株出现多头苗时，应迅速采取措施，将丛生枝整去，每株棉花保留 1～2 枝主干，可以使植株迅速恢复现蕾。

5）铲除虫源地。主要措施有冬耕冬灌，即拔棉秆后（多在 12 月），应及时翻耕棉田或冬灌。这一方面可破坏越冬棉铃虫的蛹室，杀死棉铃虫的越冬蛹，压低棉铃虫越冬虫口基数；另一方面可降低棉叶螨的虫口数量。冬季清除棉田残枝落叶和田埂枯死杂草，对棉田进行深耕细耙，能降低棉盲蝽越冬卵基数。早春铲除田边的杂草，可减轻棉盲蝽、棉叶螨和棉蚜数量，清除棉虫早期在棉田外的繁殖、生存基地。

2.1.2　诱集与物理防治

与其他防治措施相比，诱集与物理防治常需耗费较多的劳力，因此在生产上应用相对偏少。但其中一些方法能杀死隐蔽为害的害虫，而且它基本没有化学防治所产生的副作用。在有条件的地方，可适时选用此类防治措施。

1）灯光诱杀。频振式杀虫灯是利用害虫的趋光、趋波等特性，选用对害虫有极强诱杀作用的光源与波长、波段引诱害虫，并通过频振高压电网杀死害虫的一种先进实用工具，可诱杀棉铃虫、小地老虎、斜纹夜蛾、金龟子、棉盲蝽、金刚钻等害虫。

2）枝把诱杀。利用棉铃虫、地老虎成虫对半枯萎杨树枝有趋性的习性，在棉田插杨树枝把进行诱集。方法是把杨树枝把剪成 70cm 长，每把 10 枝，每 667m^2 插 10 把，傍晚插在棉田，位置高于棉株，在翌日凌晨查收杨树枝把并消灭害虫。

3）食料诱杀。糖醋液（糖∶醋∶酒∶水为 6∶3∶1∶10）可诱杀地老虎

成虫。地老虎的幼虫对泡桐树叶具有一定的趋性，可取较老的泡桐树叶，用水浸湿后于傍晚放在田间，每667m²放置120～150片，翌日清晨揭开泡桐树叶捕捉幼虫；也可用杨树枝条绑成小把，于傍晚插于棉田诱杀成虫，效果较好。用90%晶体敌百虫0.5kg，加水5L，喷拌在50kg铡碎的鲜草上或碾碎炒香的麸皮或棉籽饼上，制成毒饵，于傍晚溜施在棉苗附近，对地老虎幼虫具有良好的诱杀效果。也可在傍晚撒菜叶于棉田边作诱饵，于翌晨揭开菜叶捕杀蛞蝓。

4）人工捕捉。利用金龟子假死性，可对它进行人工捕捉。对于地老虎等，可在每天早晨进行人工捕捉，当发现新截断的被害植株时，就近挖土捕捉，可收到一定的效果。另外，犁地时也可拣杀蛴螬等地下害虫。

5）物理隔离。在沟边、苗床或作物间于傍晚撒石灰带，每667m²用生石灰7～7.5kg，阻止蛞蝓为害棉花叶片。

2.1.3 生物防治

生物防治技术具有对人类及其他有益生物安全，不污染环境，不使病虫害产生抗药性等突出优点，长期备受关注。

1）保护利用天敌。棉田害虫天敌种类繁多，全国已查明的就有200多种。不同棉区在棉花的不同生育阶段，棉田害虫的主要天敌的发生有其自身的规律。如华北棉区棉花苗期（6月中旬以前）害虫的主要天敌有七星瓢虫、蚜茧蜂、龟纹瓢虫、食蚜蝇、大草蛉、叶色草蛉、塔六点蓟马、T纹豹蛛、草间小黑蛛等十几种；蕾铃期（6月中旬到8月中、下旬）害虫的主要天敌有棉铃虫齿唇姬蜂、侧沟茧蜂、螟蛉悬茧蜂、龟纹瓢虫、黑襟毛瓢虫、异色瓢虫、小花蝽、草间小黑蛛、T纹豹蛛、三突花蛛、日本水狼蛛、塔六点蓟马、叶色草蛉、中华草蛉、蚜茧蜂、蚜霉菌等种类；吐絮收花期（8月下旬以后）在棉田发生的害虫主要天敌有小花蝽、草间小黑蛛、三突花蛛、T纹豹蛛、叶色草蛉、中华草蛉、食蚜蝇、棉铃虫齿唇姬蜂等。此外，胡蜂、螳螂、青蛙、麻雀等，喜欢在棉田捕食鳞翅目高龄幼虫，对控制棉铃虫大龄幼虫有显著作用。保护利用棉田天敌应注意以下几个原则。

① 因地制宜地运用防治指标。充分利用棉株自身的耐害补偿能力，合理放宽防治指标，减少棉田总的施药次数，利用自然天敌的控害作用，实现棉田生态良性循环，进而达到治理和克服害虫抗药性的目的。值得注意的是，防治指标是因不同的地域（生态区）、作物生长阶段、品种、土壤肥力、灌溉条件等而异的。所以，合理放宽指标应因地制宜，特殊的地方应参考当地科研、农技推广部门制定的标准执行，不可通用一种指标。

② 通过合理的耕作栽培制度增殖天敌。实行麦—棉间套作、稻—棉轮作或邻作、棉花—油菜间作和在棉田插花式种植高粱、玉米等诱集作物，既是夺取粮棉油双丰收、提高单位面积经济效益的科学栽培措施，又是实现农田作物布局多

样化、增殖天敌的极好方式，便于早春天敌在这些场所扩大繁殖、躲避不良环境的影响，为棉田苗期天敌群落的建立提供源库。生产应用表明，麦套棉一项栽培措施的运用，就可在棉花苗期减少用药2～3次，经济效益明显，并为棉花生长中、后期保护利用天敌打下了基础。

③ 保护早春天敌的源库，使用对天敌较安全的选择性农药防治麦田害虫。以往的棉田天敌保护利用，一般只是"头痛医头、脚痛医脚"，仅仅着眼于棉田局部孤立的综合防治，没有从生物群落高度考虑运用整个农田生态系统的自我调节作用，多是狭隘的或者顾此失彼。近年来的研究表明，广大棉区的麦田是多种天敌的越冬场所与早春的增殖基地，是棉虫天敌的主要发源地，如果麦田的天敌得不到保护和保存，即使在棉田采取了一系列的天敌保护措施，也还是会因天敌的"源库"已遭到破坏而不起作用。因此，麦田害虫天敌的保护、保留已成为棉田保护利用天敌成败与否的关键。

④ 保护棉田天敌，使用选择性杀虫剂防治棉田害虫。利用选择性杀虫剂能在有效控制棉花害虫的同时，保护田间天敌免受不良影响，从而促进田间天敌的增殖与自然控害能力的增强。如噻虫嗪（阿克泰）对棉蚜毒力高，但对天敌瓢虫杀伤力较小，具有较高的选择性与安全性。

⑤ 改进施药方法。采用对天敌较为安全的内吸性药剂随种播施、拌种、包衣等隐蔽施药技术，防治苗蚜、棉盲蝽等害虫。如利用吡虫啉拌种，防治蚜虫效果显著，同时可以避免苗期地毯式喷洒，对瓢虫、蚜茧蜂、草蛉等天敌安全。采用涂茎、点心、针对性局部对靶施药、挑治等技术，防治第二代棉铃虫，以及苗期点片发生的苗蚜、棉叶螨、地老虎、棉盲蝽等害虫。正确地运用这些技术，不但能有效地防治害虫，还可避免天敌直接接触农药，减少天敌的死亡，或者大大缩小棉田的喷药面积，使大部分天敌得以保存和增殖，在后续害虫的防治中发挥控害作用。

⑥ 改进棉田农事操作，保护利用自然天敌。浇水要尽量采取沟灌，避免漫灌，这既是高产栽培的技术环节，也是保护蜘蛛等多种天敌的有效手段。棉田施肥，要按科学配方进行，最好多施农家肥和有机肥，保持和改良土壤结构，以利于天敌的繁殖和栖息。在棉田用杨树枝把诱蛾捕杀棉铃虫，有时也能诱到多种天敌，因而在收把杀死害虫的同时，要注意尽量不要伤害天敌，并将其重新放回棉田。整枝打杈时，应先将枝、杈、叶背上的天敌茧、蛹、成虫、幼虫摘除，放回棉株，再将病虫枝叶带到田外统一销毁。

2）使用生物农药。目前在棉虫防治上应用较广的微生物制剂是棉铃虫核型多角体病毒。棉铃虫核型多角体病毒制剂在害虫卵盛期喷洒，对棉铃虫初孵幼虫有效，此外还可兼治棉小造桥虫、棉大卷叶螟、玉米螟等棉田其他害虫。由于该制剂的病毒在棉田可经由昆虫取食、粪便接触等途径再传染给其他健康的害虫，

故一次施药后可在棉田辗转流行，长期有效，对控制下代害虫也有一定的作用。阿维菌素等农用抗生素能有效控制棉叶螨等害虫的发生与为害。灭幼脲、虫酰肼、氟啶脲等生化农药可防治棉铃虫等害虫。病原微生物对害虫从侵染到致病、致死，一般需要3～5d才能表现效果，对害虫的致死作用速率较慢，击倒率较低，容易误认为效果不佳，特别是对棉虫暴发或发生特异的年份和世代，还不能完全达到立竿见影、迅速见效的要求。

2.1.4 化学防治

在棉花病虫害综合治理中，药剂防治仍然是及时有效地控制病虫害的重要措施。施用农药防治害虫的优点已被人们认识。但还须认识到，农药使用不当也会带来许多副作用，如病虫害产生抗药性、环境污染、杀伤害虫天敌、破坏棉田生态平衡、引起病虫害再猖獗等。因此，应该正确认识、了解和掌握科学用药防治棉花病虫害的各项技术措施的内容和方法。

1) 掌握防治适期，适时施药。要用最少量的药剂，达到最好的防治效果，就必须把药用到关键时期。每种病虫害都有防治指标。病虫害的防治应在达到防治指标时进行，同时也不应错过有利时机打"事后药"。防治病虫害在最佳时期，如一般害虫应在卵孵化盛期至三龄幼虫期施药，气流传播的病害在初见症状期及时施药，可以收到事半功倍的效果。

2) 掌握有效用药量，适量用药。用药量主要是指单位面积上的用药量，按照农药使用说明书推荐的使用剂量和浓度，准确配药用药，不能为追求高防效随意加大用药量，用药量超过限度效果反而会更差，并容易发生药害。

3) 轮换交替使用不同种类的农药。在作物病虫害防治中，长期连续使用一种农药或同类型的农药，极易引起病虫产生抗药性，降低防治效果。因此，应根据病虫特点，选用几种作用机制不同的农药交替使用。如选用生物农药和化学农药交替使用等。这样既有利于延缓病虫产生抗药性，达到良好的防治效果，又可以减少农药的使用量。

4) 合理混用。在棉花生长中，几种病虫害混合发生时，为节省劳力，可将几种农药混合使用。合理混用，可以扩大防治范围，提高防治效果，并能防止或延缓病菌、害虫产生抗药性。但是农药的混用必须讲究科学，要遵守以下几个原则：①混合后不能产生物理和化学变化；②混合后对棉花生长无不良影响；③混合后无拮抗作用（又称减效作用）；④混合后毒性不能增加。

5) 掌握配药技术，充分发挥药效。配制乳剂时，应将所需乳油先配成10倍液，然后再加足量水。稀释可湿性粉剂时，先用少量水将可湿性粉剂调成糊状，然后再加足全量水。配制毒土时先将药用少量土混匀，经过几次稀释并要充分翻混药剂才能与土混拌均匀。配制药液时要用清水。

另外，根据病虫害的发生部位或发生特点进行施药能大大地提高防治效果。

比如，二代棉铃虫和苗期蚜虫主要集中在棉株的顶尖、嫩梢等部位，利用滴心法施药能有效地控制害虫，同时减少农药用量和对天敌昆虫的杀伤。棉花蕾铃期植株高大，同时棉盲蝽成虫飞行能力强，在这种情况下使用机动喷雾器可有效防止成虫潜逃，防治效果要比手动喷雾器好，如有几台机动喷雾器同时作业效果更好。

2.2 草害综合防治

棉田杂草的传统防治手段是采用中耕、轮作、移栽等农业措施和人工拔除方法。20世纪80～90年代开始，我国棉田化学除草技术快速发展并规模化应用。棉田杂草化学防除的技术重点为化学农药科学使用、杂草抗药性预防治理以及棉花药害预防与补救。

2.2.1 农业防治

1）合理密植。密植是有效的杂草防治措施之一。密植在一定程度上能抑制杂草的生长，降低杂草发生量。培育壮苗促进棉苗早封行，可提高棉株的竞争性，也可抑制杂草的生长。

2）水旱轮作。水旱轮作能有效抑制杂草的发生和简化杂草群落的结构，减轻棉田杂草为害。

3）覆盖薄膜。覆盖薄膜可以提高膜下温度，使棉田早期出土的杂草幼苗因高温高湿、缺氧而死亡。

4）冬前深翻。冬前深翻能杀灭部分杂草，降低杂草越冬基数。

5）中耕除草。中耕除草能有效杀灭棉花中后期行间杂草。

2.2.2 化学防治

1）苗床。在播种覆土后，每667m^{2}用90g/L乙草胺乳油40g或72g/L异丙甲草胺乳油80g，加水50kg均匀喷雾，对棉苗安全，对马唐、稗草等禾本科杂草及反枝苋等部分阔叶杂草有较好防效。苗床化学除草一定要以苗床实际面积计算用药量，要分床配药、分床使用，千万不要一次配药多床使用，以免苗床因用药量不均匀而造成药害。另外，育苗时高温、高湿的条件下有利于药剂发挥药效，切不可盲目提高施药量，以免产生药害。

2）地膜覆盖直播棉田。棉花播种覆膜后或覆膜移栽后，由于地膜的密闭增温保湿作用，膜内的生态条件非常有利于杂草的萌发出苗。若不施药防治，杂草往往还能顶破地膜旺盛生长，危害更大。因此，地膜覆盖栽培必须与化学除草相结合。由于膜内的高温高湿条件有利于除草剂药效的充分发挥，因此除草剂的使用剂量可比露地直播棉田适当减少30%左右。

整地后播种前每667m^{2}用48g/L氟乐灵乳油80g加水50kg均匀喷雾，药后3～5d播种。施药后结合耙地混土3～5cm以免氟乐灵光解失效。氟乐灵对禾本

科杂草及种子粒型较小的阔叶杂草有较好的防效，持效期为50d左右。

在棉花播种覆土后每667m²用90g/L乙草胺乳油30～40g加水50kg，或72g/L异丙甲草胺乳油100加水50kg，或33g/L二甲戊（乐）灵乳油150g加水50kg；也可用60g/L丁草胺乳油100～120g加水50kg均匀喷雾。丁草胺除草效果与湿度关系密切，湿度大则效果好。还可用50%扑草净可湿性粉剂100～150g加水50kg喷雾，上述药剂持效期50～60d，对棉花苗期杂草控制效果理想。

在棉花出苗后，防除禾本科杂草每667m²可用5g/L精喹禾灵乳油70～80g，或10.8g/L高效氟吡甲禾灵乳油30～50g，或150g/L精吡氟禾草灵乳油75～100g加水30kg进行茎叶处理。

目前棉田尚缺乏安全性好防除阔叶杂草的茎叶处理除草剂。

3）露地直播棉田。露地直播棉田所需要的化学除草剂用量应大于地膜覆盖棉田。一般在棉花播种覆土后每667m²用90g/L乙草胺乳油70～80g加水50kg，或72g/L异丙甲草胺乳油150～180g加水50kg，或33g/L二甲戊（乐）灵乳油150～200g加水50kg；也可用60g/L丁草胺乳油120～150g加水50kg均匀喷雾；还可用25g/L恶草酮乳油120～150g加水50kg喷雾。

在棉花出苗后，可施用精喹禾灵乳油、高效氟吡甲禾灵乳油等药剂防除马唐、千金子等禾本科杂草。施药量同"地膜覆盖直播棉田"。

4）移栽棉田。①板茬移栽棉田。对前作让茬较迟且草荒较严重的田块，为了抢季节每667m²可用10g/L草甘膦0.5kg加水30kg喷雾，次日即可移栽棉花。由于这两种除草剂均为灭生性的，要注意在喷雾时切不可飘移到周围的作物上，用后器具要彻底清洗。②整地后移栽前。可用乙草胺、异丙甲草胺、二甲戊（乐）灵、氟乐灵、恶草灵等，具体使用量和方法可参照直播棉田进行。③棉花出苗后。可施用精喹禾灵乳油、高效氟吡甲禾灵乳油等药剂防除马唐、千金子等禾本科杂草。施药量同"地膜覆盖直播棉田"。

5）成株后期。棉花生长进入6月下旬以后，植株高度一般在50cm以上且下部茎秆转红变硬，此时棉田发生的杂草可用灭生性除草剂带保护罩进行对靶茎叶处理。棉花收获前30d左右防除杂草可以选用41g/L草甘膦水剂每667m² 150～200g加水30～40kg，在喷头上加一专用防护罩向杂草作定向行间喷雾。选用灭生性非选择性除草剂，喷施时一定要在无风天气下进行，切忌将药液喷到棉花根、茎和叶面上，以免造成药害。

2.2.3 药害预防与补救

1）预防措施。除草剂药害是由除草剂使用技术、除草剂和作物本身的因素及环境条件所决定的，多数情况下药害的发生程度是上述三方面综合作用的结果。对药害进行治理，需要农药企业、农药管理部门、科研机构、推广系统及农民的共同努力。①不使用假冒伪劣及不合格产品。购买取得"三证"的产品，除草剂剂型、有效成分含量等要与产品标签相一致。②施药时避免易产生药害的环境条件。如温度过高、湿度过大时，使用乙草胺、异丙甲草胺等土壤处理剂要减少药量；另外，遇土壤有机质含量低、沙壤土时可适当降低土壤处理剂药量。地膜下施药后棉苗应及时"放风"。避免在高温干旱的中午喷施除草剂等。③喷药器械要专用。在棉田或邻地喷药时，杜绝使用曾喷过2,4-滴丁酯的喷雾器、量杯等。④严格控制施药时期及用药量。严格按照除草剂使用说明书及推荐剂量、推荐用药时期施药，喷药时一定要均匀，防止重喷或漏喷。⑤注意加强防护。在棉田上风头，禁止使用含有2,4-滴丁酯和2甲4氯成分的除草剂，防止因药液飘移而造成药害。用草甘膦等灭生性除草剂防除棉花行间杂草时，要选择无风天气，喷头上一定要安装防护罩，喷药时要压低喷头，避免将药液喷到棉花上。

2）补救措施。药害发生后，可采用叶面喷大量水进行淋洗，土壤中可采用灌水、排水洗药，或使用安全剂中和解毒。①加强肥水管理。受上茬残留药害及当茬药害的棉田要及时灌水，以促进棉花根系大量吸水，降低体内除草剂浓度。结合灌水，比正常情况下每667m^{2}增施尿素5.0 ～ 7.5kg。②喷施生长调节剂。受2,4-滴丁酯和2甲4氯等除草剂药害的棉田，根据棉花受害程度，可喷洒1 ～ 2次20mg/kg的赤霉素溶液，也可喷施芸苔素内酯等生长促进剂，促进棉花生长，缓解药害。③喷叶面肥。受药害棉田，可结合灌水，喷施1% ～ 2%尿素溶液，或每667m^{2}喷0.3%磷酸二氢钾溶液30 ～ 50kg，对于缓解药害、促进棉花生长有显著作用。④摘除受害枝叶。受2,4-滴丁酯和2甲4氯等除草剂药害较轻的棉田，要及时打掉畸形叶、枝。如果顶尖受害较重，可打去顶尖，利用下部2 ～ 5个叶枝来实现一定产量。

第1章

棉花病害

1 棉花黄萎病

概述

棉花黄萎病，又称棉花"癌症"，是棉花生产上为害严重的两大病害之一，在我国各棉花生产区域均有分布。该病在黄河和长江流域的温暖潮湿地区发生普遍而严重，一般造成减产15%～20%，严重的可达50%以上，甚至绝收。

症状

棉花黄萎病由于受棉花品种抗病性、病原菌致病力及环境条件的影响，呈现不同症状。在自然条件下，现蕾以后才逐渐发病，一般在8月下旬吐絮期发病达到高峰。由下部叶片开始发病，逐渐向上发展，病叶边缘稍向上卷曲，叶脉间产生淡黄色不规则的斑块，叶脉附近仍保持绿色，呈掌状花斑，类似花西瓜皮状（图1-1）；有时叶脉间出现紫红色失水萎蔫不规则的斑块，斑块逐渐扩大，变成褐色枯斑，甚至整个叶片枯焦（图1-2），植株脱落成光秆；有时在病株的茎部或落叶的叶腋里，可发出赘芽和枝叶。在棉花铃期，盛夏久旱后遇暴雨或大水漫灌时，田间有些病株常发生急性型黄萎症状，首先棉叶呈水烫样，然后突然萎垂，迅速脱落成光秆（图1-3）。剖开茎秆检查维管束，从茎秆到枝条甚至叶柄，内部维管束全部变褐。一般情况下，黄萎病株茎秆内维管束显黄褐色条纹（图1-4）。在温室和人工病圃里，2～4片真叶期的棉苗即开始发病，苗期的症状是病叶边缘开始褪绿发软，呈失水状，叶脉间出现不规则淡黄色病斑，病斑逐渐扩大，变褐色干枯，维管束明显变色。叶片被害后，常使叶绿组织受损，影响光合机能，导致减产。

图1-1 棉花黄萎病典型病叶

图1-2 棉花黄萎病不同发病程度叶片

图1-3 棉花黄萎病病株

图1-4 棉花黄萎病病株维管束呈黄褐色

a.横切面　b.纵剖面

病原形态特征

　　棉花黄萎病病原为大丽轮枝孢（*Verticillium dahliae* Kleb.），属子囊菌无性型轮枝孢属。初生菌丝体无色，后变橄榄褐色，有分隔，直径2～4μm。菌丝体常呈膨胀状，可单根或数根菌丝芽殖为微菌核。不同地区棉花黄萎病菌微菌核产生的数量、大小和形状有明显的差异。例如，在梅干培养基上，泾阳、栾城菌系产生微菌核较多，较大，（93～121）μm×（36～58）μm；四川南部和新疆和田菌系微菌核较小，（48～90）μm×（32～68）μm，多为近圆形，单个散生；陕西菌系多为长条形，并列成串。

　　棉花黄萎病菌分生孢子椭圆形，单细胞，大小为（4.0～11.0）μm×（1.7～4.2）μm，由分生孢子梗上的瓶梗末端逐个割裂。空气干燥时，孢子在瓶梗末端聚集成堆，空气湿润时，则形成孢子球。显微镜下制片观察时，孢子即散开，只留下梗端新生出的单个孢子。病菌分生孢子梗常由2～4轮生瓶梗及上部的顶枝构成，基部略膨大、透明，每轮层有瓶梗1～7根，通常有3～5根，瓶梗长度为

13 ～ 18 μm，轮层间的距离为30 ～ 38 μm，4层的为250 ～ 300 μm。

发生规律

棉花黄萎病菌能在棉花整个生长期间侵染为害，自然条件下，一般在播后1个月以后出现病株。黄萎病发病的适温为22 ～ 25℃，低于22℃或高于30℃发病缓慢，高于35℃时症状暂时隐蔽。一般在6月棉苗4 ～ 5片真叶时开始发病，田间出现零星病株；现蕾期进入发病适宜阶段，病情迅速发展；8月花铃期达到发病高峰，往往造成病叶大量枯落，并加重蕾铃脱落；如遇多雨年份，湿度过高而温度偏低，则黄萎病发展尤为迅速，病株率可成倍增长。在棉花生育期内，如遇连续4d以上低于25℃的相对低温，则黄萎病将严重发生。1993年、2002年、2003年北方出现大量棉株落叶的病田，主要原因即为7 ～ 8月出现连续数天平均气温低于25℃的相对低温，导致黄萎病落叶型菌系的大量繁殖侵染，使棉株在短时间内严重发病，叶片、蕾铃全部脱落，最后棉株枯死。病菌以菌丝和分生孢子在病株残体上越冬，翌年4、5月温湿度比较适宜时产生大量分生孢子，成为初侵染源。棉黄萎病发生轻重，与品种、气候、菌源量、栽培条件等密切相关。一般而言，抗病性差的品种，生长期遇到连续多日低于25℃的相对低温，以及地势低洼、施肥不足等条件，发病较重。此外，土壤有机质含量低、通透性差的单作田及多年连作棉田有利于该病发生。

防治要点

重病区应采取以种植抗病高产品种为主的综合防治措施，并创造有利于棉花生长发育而不利于病菌繁殖侵染的环境条件，逐步达到减轻乃至消除为害，从而提高产量的目的。主要综合防治措施有：①种植抗（耐）病品种。这是防治黄萎病，提高棉花产量最为经济有效的措施。目前，我国选育成的抗（耐）病、丰产和适应性较广的品种有中植棉2号、冀958、中植棉6号、冀298、冀616、中棉所63、中棉所58、鄂杂棉17等。②实行轮作换茬。棉黄萎病菌在土壤中存活年限虽相当长，但在改种水稻的淹水情况下较易死亡。合理的轮作换茬，特别是与禾谷类作物轮作，可以显著减轻病害，水旱轮作比旱田轮作效果好。③加强田间管理。注意清洁棉田，对重病田或轻病田都有减少土壤菌源和降低为害的显著效果。此外，深翻，重施有机肥和磷、钾肥，及时排除积水，合理灌溉等措施，都能增强棉株的抗病力。④改善土壤生态条件。每667m² 施2 000 ～ 3 000kg基肥（最好为牛羊粪肥或经过堆制腐熟的玉米秸秆），磷酸二铵15kg，标准钾肥10 ～ 15kg。⑤诱导棉株提高抗病性。从6月底开始，每7 ～ 10d喷施叶面抗病诱导剂，如威棉1号、99植保、活力素等300 ～ 500倍液，或与磷酸二氢钾等300 ～ 500倍液对在一起喷施。

2 棉花枯萎病

概述

棉花枯萎病，也被称为棉花"癌症"，是棉花生产上为害严重的两大病害之一，在我国各棉花生产区域均有分布。一般造成减产10%～20%，减产严重的达50%以上，甚至绝收。

症状

幼苗期，子叶期即可发病，现蕾期出现第一次发病高峰，造成大片死苗。苗期枯萎病症状复杂多样，大致可归纳为5个类型。①黄色网纹型（图1-5）。幼苗子叶或真叶叶脉褪绿变黄，叶肉仍保持绿色，因而，叶片局部或全部呈黄色网纹状，最后叶片萎蔫而脱落。②黄化型（图1-6）。子叶或真叶变黄，有时叶缘呈局部枯死斑。③紫红型（图1-7）。子叶或真叶组织上出现红色或紫红斑，叶脉也多呈紫红色，叶片逐渐萎蔫枯死。④青枯型。子叶或真叶突然失水，色稍变深绿，叶片萎垂，猝倒死亡，有时全株青枯，有时半边萎蔫。⑤皱缩型（图1-8）。在棉株5～7片真叶时，首先从生长点嫩叶开始，叶片皱缩、畸形，叶肉呈泡状凸起，与棉蚜为害很相似，但叶片背面没有蚜虫，同时其节间缩短，叶色变深，比健康株矮小，一般不死亡，往往与黄色网纹型混合出现（图1-9）。成株期，棉花现蕾前后是枯萎病的发生盛期，症状表现也是多种类型，常见的症状是矮缩型，有的病株症状表现于棉株的半边，另半边仍保持健康状态，维管束半边变为褐色，故有"半边枯"之称。

图1-5 棉花枯萎病病叶黄色网纹型

图1-6 棉花枯萎病病叶黄化型

图1-7　棉花枯萎病病叶紫红型
a.紫红型病叶　b.全株枯死

图1-8　棉花枯萎病病叶皱缩型　　图1-9　棉花枯萎病病叶紫红、皱缩、
黄化混合症状

病原形态特征

棉花枯萎病病原为尖孢镰孢萎蔫专化型[*Fusarium oxysporum* Schltdl. ex
Snyder et Hansen f. sp. *vasinfectum*（Atk.）Snyder et Hansen]，属子囊菌无性型镰
孢属。在PDA（马铃薯葡萄糖琼脂）培养基上，菌丝为白色，培养时间稍长培
养基经常出现淡紫色，菌丝体透明，有分隔。具有3种类型孢子，分别为：大
型分生孢子、小型分生孢子和厚垣孢子。大型分生孢子着生在复杂而又有分枝

的分生孢子梗或瘤状的孢子座上，通常具有3～5个分隔，呈镰刀形至纺锤形，椭圆形弯曲基部有小柄，两端尖，顶端呈钩状，有的呈喙状弯曲，壁薄。其中以3个分隔的常见，大小为 (2.6～4.1) μm×(22.8～38.4) μm，另有报道为 (3～4.5) μm×(40～50) μm，黄褐色至橙色。小型分生孢子多数为单胞，少数有1个分隔，通常为卵形，有时为椭圆形、倒卵形、肾形，甚至柱形，大小为 (5～12) μm×(2.2～3.5) μm，通常着生于菌丝侧面的分生孢子梗上，聚集成假头状。厚垣孢子通常单生，有时双生，多数在老熟的菌丝体上顶生和间生形成，有时亦可生于大型分生孢子上，表面光滑，偶有粗糙，球形至卵圆形，浅黄至黄褐色。

发生规律

在土壤中定殖的棉枯萎病菌，温、湿度适宜时，病菌孢子萌发，菌丝体从棉花根毛或伤口处（虫伤、机械伤）侵入根系内部。菌丝先穿过根系的表皮细胞，在细胞间隙生长，继而穿过细胞壁，向木质部的导管扩展，并在导管内迅速繁殖，产生大量小孢子，这些小孢子随着输导系统的液流向上运行，依次扩散到茎、枝、叶柄、叶脉和铃柄、花轴、种子等各个部位。以华北地区为例：5月上、中旬地温上升到20℃左右时，田间开始出现病苗；到6月中、下旬地温上升到25～30℃，大气相对湿度达70%左右时发病最盛，造成大量死苗，出现第一个发病高峰。待到7月中、下旬入伏以后，土温上升到30℃以上，此时病菌的生长受到抑制，而棉花长势转旺，病状即趋于隐蔽，有些病株甚至能恢复生长，抽出新的枝叶；8月中旬以后，当土温降到25℃左右时，病势再次回升，常出现第二个发病高峰。雨量和土壤湿度也是影响枯萎病发展的一个重要因素，若5、6月雨水多，雨日持续1周以上，发病就重。地下水位高或排水不良的低洼棉田一般发病也重。雨水还有降低土温作用，每当夏季暴雨之后，由于土温下降，往往引起病势回升，诱发急性萎蔫性枯萎病的大量发生。但若土温低于17℃，湿度低于35%或高于95%，则都不利于枯萎病的发生。

防治要点

①种植抗病品种。这是防治枯萎病，提高棉花产量最经济有效的措施。目前，我国选育成的高抗枯萎病，同时又抗（耐）黄萎病、丰产和适应性较广的品种有中植棉2号、冀958、中植棉6号、冀298、冀616、中棉所63、中棉所58、鄂杂棉17等。②实行轮作换茬。在黄河流域棉区及其他北方棉区，一般认为采取两年三杂的轮作措施，即小麦—玉米—棉花，有减轻发病的作用，重病田改种小麦、玉米5年以上，再种棉花。在长江流域棉区，采取水旱轮作和间隔轮作对防治棉花枯萎病有显著作用，种植水稻1年后播种棉花，发病率为2.62%，死

苗率为0.7%，而连作棉田发病率为35.3%，死苗率为30.6%。③加强田间管理。注意清洁棉田，对重病田或轻病田都有减少土壤菌源和降低为害的作用。此外，深翻，重施有机肥和磷、钾肥，及时排除积水，合理灌溉等措施，都能增强棉株的抗病力。

3 棉苗立枯病

概述

棉苗立枯病是棉花生产上重要的病害之一，在我国各棉花生产区域均有分布。一般造成减产10%～20%，减产严重的达50%以上，甚至毁种。

症状

幼苗出土前即可造成烂籽和烂芽。幼苗出土以后，则在幼茎基部靠近地面处发生褐色凹陷的病斑；然后，向四周发展，逐渐变成黑褐色；直到病斑扩大缢缩，切断了水分、养分供应，造成子叶下垂萎蔫，最终幼苗枯倒（图1-10）。发病棉苗一般在子叶上没有斑点，但有时也会在子叶中部形成不规则的棕色斑点，以后病斑破裂而穿孔。

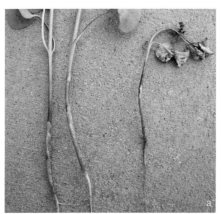

图1-10　棉苗立枯病
a.病健株比较　b.整穴枯死

病原形态特征

棉苗立枯病病原为立枯丝核菌（*Rhizoctonia solani* Kühn）属担子菌无性型丝

核菌属。菌丝体在生长初期没有颜色，后期黄褐色，多隔膜，直径5～12μm，分枝与主枝成直角，在分叉处特别缢缩。菌丝幼嫩时无色，老时呈褐色，可聚集成小菌核。菌核由不规则筒状菌丝交织而成，靠绳状菌丝相连接，无固定形状，褐色至黑褐色，表面粗糙，直径0.55～1mm，生成的最适温度为18～21℃，较菌丝生长适温（25℃）低些。

发病规律

棉种由播种到出苗，均可受到棉苗立枯病菌的侵染，造成烂籽、烂芽、病苗和死苗。低温高湿不利于棉苗的正常生长而有利于病菌为害。所以，在棉花播种出苗期间如遇低温阴雨，特别是温度先高后骤然降低时，苗病发生一定严重。棉苗立枯病菌在5～33℃的温度条件下都能生长。病害发生与土壤温度关系十分密切，棉籽发芽时遇到低于10℃的土温，会增加出苗前的烂籽和烂芽；病菌在15～23℃时最易侵害棉苗。棉苗立枯病发病的温度较低，所以在幼苗子叶期发病较多。棉苗立枯病的为害主要在5月上、中旬，高湿有利于病害的发展和传播，也是引起苗病的重要条件。阴雨高湿，土壤湿度大，对棉苗生长不利，却有利于病菌的蔓延。棉苗出土后，长期阴雨是引起死苗的重要因素，雨量多的年份死苗重。

防治要点

①选用高质量的棉种，适期播种。棉种质量好，出苗率高，苗壮则病轻。以5cm土层温度稳定达到12℃（地膜棉）至14℃（露地棉）时播种，即气温平均在20℃以上时播种为宜，早播引起棉苗根病的决定因素是温度，而晚播引起棉苗根病的决定因素则是湿度。②深耕冬灌，精细整地。北方一熟棉田，秋季进行深耕可将棉田内的枯枝落叶等连同病菌和害虫一起翻入土壤下层，对防治苗病有一定的作用。冬灌应争取在土壤封冻前完成，进行春灌的棉田，也要尽量提早，因为播前灌水会降低地温，不利于棉苗生长。南方两熟棉田，要在麦行中深翻冬灌，播种前抓紧松土除草清行，冬翻两次、播前翻一次的棉田，苗期发病比没有翻耕的轻。③及时中耕，提高地温。在棉花出苗后如遇到雨水多的年份，应当在天气转晴后及时中耕松土，改善棉苗四周的通气状况和提高地温，可以有效减轻苗病。④应用种衣剂。这是目前生产上最切实可行的防治苗期病害的方法。目前，在我国登记的防治棉苗立枯病的种衣剂有：63%吡·菱·福美双干粉种衣剂、福美·拌种灵可湿粉种衣剂、20%克百·多菌灵种衣剂、25g/L咯菌腈悬浮种衣剂等，不同生态区应根据具体情况采用相应的种衣剂。目前，商业化的种子均采用含杀菌种衣剂包衣，对棉苗立枯病可起到很好的防治作用。

4 棉苗炭疽病

概述

棉苗炭疽病是棉花苗期的重要病害之一，在我国各棉花生产区域均有分布。

症状

幼苗出土前即可造成烂籽和烂芽。幼苗出土后，则在幼茎基部近地面处发生褐色凹陷病斑（图1-11）；然后，向四周发展，颜色逐渐变成黑褐色（图1-12）；直到病斑扩大缢缩，切断了水分、养分供应，造成子叶下垂萎蔫，最终幼苗枯倒。发病棉苗一般在子叶上没有斑点，但有时也会在子叶中部形成不规则的棕色斑点，以后病斑破裂而穿孔。

图1-11　棉苗炭疽病根茎褐色凹陷的病斑　　　　图1-12　棉苗炭疽病根部症状

病原形态特征

棉苗炭疽病的病原为棉炭疽菌（*Colletotrichum gossypii* Southw.）和印度炭疽菌（*C. indicum* Dast.），我国棉苗炭疽病主要是由前者引起，属子囊菌无性型炭疽菌属。分生孢子单胞，长椭圆形，一端或两端有油滴，无色，多数聚结成粉红色，着生于分生孢子盘上；孢子盘内排列有不整齐的褐色刚毛。主要以菌丝及分生孢子在种子外短绒内潜伏越冬，种子内及土壤中病残体也能带菌。

发病规律

棉种由播种到出苗，均可受到炭疽病菌的侵染，造成烂籽、烂芽、病苗和死苗。低温高湿不利于棉苗的正常生长而有利于病菌为害。所以，在棉花播种出苗期遇低温阴雨，特别是温度先高后骤然降低时，棉苗炭疽病可能严重发生。病害发生与土壤温度关系十分密切，棉籽发芽时遇到低于10℃的土温，会增加出苗前的烂籽和烂芽；病菌在15～23℃时最易侵害棉苗。炭疽病发病最适温度为25℃左右，在晚播的棉田或棉苗出真叶后仍继续受害。棉苗出土后，长期阴雨是引起死苗的重要因素，雨量多的年份死苗重。

防治要点

可选用高质量棉种适期播种，深耕冬灌，精细整地，及时中耕，提高地温，降低苗病发生（参见"棉苗立枯病"）。目前我国登记的对棉苗炭疽病有一定防治效果的种衣剂有4种，即甲枯·福美双、福美·拌种灵、多·福和多·五·克百威。不同生态区应根据具体情况采用相应的种衣剂。

5 棉苗红腐病

概述

棉苗红腐病是棉花苗期的重要病害之一，在我国各棉花生产区域均有分布，尤其在黄河流域和新疆等西北内陆棉区是为害苗期棉花的主要根病。

症状

棉苗红腐病侵害棉苗根部，先在靠近主根或侧根尖端处形成黄色至褐色的伤痕，使根部腐烂，受害重时也会蔓延至幼茎（图1-13）。得病棉苗的子叶边缘

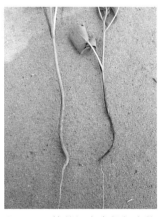 

图1-13 棉苗红腐病根部症状　　　图1-14 棉苗红腐病子叶症状
（与健株比较）

常常出现较大的灰红色圆斑（图1-14），在湿润气候条件下，病斑表面产生一层粉红色孢子。感染红腐病的幼苗，通常生长迟缓，发病严重的也会造成子叶萎黄，叶缘干枯，以致死亡。

病原形态特征

棉苗红腐病病原为镰孢属真菌（*Fusarium* spp.），主要为拟轮枝镰孢 [*F. verticillioides* (Sacc.) Nirenberg]，属子囊菌无性型。在PDA（马铃薯葡萄糖琼脂）培养基上，菌丝为白色，菌落为淡粉色或暗紫罗兰色，气生菌丝柔软稠密，呈絮状，培养时间长后，菌落表面出现一层葡萄霜样淡粉色分生孢子。具有2种类型孢子，小型分生孢子和大型分生孢子。大型分生孢子着生在复杂而又有分枝的锥形瓶状分生孢子梗上，镰刀形或不对称拟纺锤形，直或稍弯曲，纤细，无色透明，具有尖而弯曲的顶细胞和具有小柄的基细胞，有3～7个分隔，大小为（25～60）μm×（3.5～6.1）μm。小型分生孢子梗单生，锥形，着生于气生菌丝上，卵形或椭圆形，单胞，无色，串生或成堆聚生，大小为（5～12）μm×（2.5～4.0）μm。土壤、病残体内都有大量病菌越冬，自然菌源很广。

发病规律

棉种由播种到出苗，均可受到棉红腐病菌为害。当外界条件有利于棉苗的生长发育时，虽有病菌存在，棉苗仍可正常生长；相反，当外界条件不利于棉苗生长发育而有利于病菌侵入时，就会造成烂籽、烂芽、病苗和死苗。在棉花播种出苗期间如遇低温阴雨，棉苗红腐病将严重发生。棉籽发芽时遇到低于10℃的土温，会增加出苗前的烂籽和烂芽；病菌在15～23℃时最易侵害棉苗。高湿有利于病菌的发展和传播，也是引起棉苗红腐病的重要条件。阴雨高湿，土壤湿度大，对棉苗生长不利，却有利于病菌的蔓延。棉苗出土后，长期阴雨是引起死苗的重要因素，雨量多的年份死苗多。相对湿度大于85%，棉苗红腐病易侵染为害。

防治要点

可选用高质量棉种适期播种，深耕冬灌，精细整地，及时中耕、提高地温等方法，降低苗病发生（参见"棉苗立枯病"）。目前我国登记的用于防治棉苗红腐病杀菌剂有2种，即多·酮·福美双悬浮种衣剂和克·酮·多菌灵悬浮种衣剂。

6 棉苗猝倒病

概述

棉苗猝倒病在全国各棉区均有分布，特别在潮湿多雨地区发生严重，是一种常见的棉苗根病。

症状

最初在茎基部出现黄色水渍状病斑（图1-15），严重时呈水肿状，并变软腐烂，颜色转成黄褐，棉苗迅速萎蔫倒伏（图1-16）。它与立枯病不同之处是茎基部没有褐色凹陷病斑，在高湿的情况下，棉苗上常产生白色絮状物。

图1-15 棉苗猝倒病茎基部和根部症状　　　　　图1-16 棉苗猝倒病幼苗症状
（与健株比较）

病原形态特征

棉苗猝倒病病原为瓜果腐霉 [*Pythium aphanidermatum* (Edson) Fitzp.]，属卵菌门腐霉属。该菌在一般培养基上均生长良好，菌丝发达，呈纯白色绒毛状，菌丝体无色透明，无隔，多核，自由分枝，直径2.8～7.3 μm；孢子囊长圆筒状，形状不规则，或肥大而有瓣状分枝，直径4～20 μm，长24～628 μm，萌发时产生泡囊，每个泡囊中含有游动孢子十余个至数十个不等。游动孢子肾形，(12～17) μm×(5～6) μm，有2根侧生鞭毛。藏卵器球形，直径27.3 μm，顶生或间生，初期无色，老熟后呈黄褐色，壁厚，呈黄色，被覆在卵孢子外面；雄器为桶形、圆形或宽棒形，有柄。每个藏卵器附属1～2个雄器；卵孢子球形，光滑，直径12～24 μm。生长适温为34～37℃，最高温度为41℃，最低

为5~6℃，孢子囊萌发最适温度为24~26℃。该菌虽是高温性菌，但因受土壤湿度的影响，发病温度较低，发病适温为20~25℃。生长酸碱度（pH）最高10.7，最低2.5，最适为5.5~6.5，表明在酸性土壤中生长较好。寄主植物的根际分泌物影响卵孢子的萌发及其活动方向，当寄主的根伸到卵孢子附近时，其根分泌物即刺激卵孢子发芽并入侵。雨水或灌溉水量大、土壤过湿容易导致猝倒病的发生。有利于发病的土壤湿度一般为70%~80%。

发病规律

对棉苗猝倒病发生起决定作用的是温度和湿度，特别是含水量高的涝洼地及多雨地区，有利于病菌的发育及游动孢子的传播，造成刚出土的幼苗大量死亡。棉苗出土后1个月内是棉苗最感病时期。若土壤温度低于15℃，萌动的棉籽出苗慢，就容易发病；地温超过20℃，病势停止发展，但若降雨多又会加重病情。南方3月下旬早播的棉田，4月中旬如5cm深地温为17~20℃，则猝倒病发病重而死苗多。

防治要点

可选用高质量棉种适期播种，深耕冬灌、精细整地，及时中耕、提高地温等方法，降低苗病发生（参见"棉苗立枯病"）。另外，南方棉区春雨较多，棉田易受渍涝，这是引起大量死苗的重要原因。棉田深沟高畦可以排除明涝暗渍，降低土壤湿度，有利于防病保苗。目前我国登记的用于防治棉苗猝倒病的化学杀菌剂有4种，即噻虫·咯·霜灵悬浮种衣剂、精甲霜灵种子处理剂、多·福·立枯磷悬浮种衣剂和精甲·咯·嘧菌悬浮种衣剂。

7 棉苗轮纹叶斑病

概述

棉苗轮纹叶斑病在我国各棉区均有发生，是棉花生产上一个重要的叶斑病。

症状

棉苗轮纹叶斑病多发生在衰老的子叶上，严重时也可以蔓延到初生真叶，引起死苗。被害的子叶，最初发生针头大小的红色斑点，逐渐扩展成黄褐色的圆形至椭圆形病斑，边缘为紫红色，一般具有同心轮纹（图1-17）。发病严重时，子叶上出现大型的褐色枯死斑块，造成子叶枯死脱落。叶片和叶柄枯死后，菌丝会蔓延到子叶节，造成茎组织甚至生长点死亡。

病原形态特征

棉苗轮纹叶斑病病原为链格孢属真菌（*Alternaria* spp.），其中以大孢链格孢（*A. macrospore* Zimm.）、细极链格孢 [*A. tenuissima* (Fr.) Wiltshire] 和棉链格孢 [*A. gossypina* (Thüm.) Hopkins]等为常见种。最常见的为大孢链格孢，属子囊菌无性型真菌。大孢链格孢在PDA培养基上菌落呈墨绿色，菌丝致密；分生孢子倒棒形，基部圆，嘴胞

图1-17 棉苗轮纹叶斑病同心轮纹斑

短，有横隔3 ～ 13个，纵隔3 ～ 5个，顶嘴胞细长、透明、丝状；分生孢子大小为 (50.5 ～ 86.5)μm×(15.5 ～ 30) μm。种子及土壤病残体内部有大量病菌越冬，自然菌源很广。

发病规律

在棉花播种出苗期间如遇低温阴雨，棉苗轮纹叶斑病将严重发生。病菌分生孢子是主要侵染源，其萌发的最适温度为10 ～ 35℃，侵入最适温度为27 ～ 30℃。相对湿度是孢子萌发和侵入的决定因素。高湿有利于棉苗轮纹叶斑病病菌的发生和传播，尤其是阴雨高湿、土壤湿度大，对棉苗生长不利，却有利于病害的蔓延。棉苗轮纹叶斑病多在棉苗后期发生，为害衰老的子叶和感染初生的真叶。棉苗出土后，长期阴雨可诱发棉苗轮纹叶斑病流行。

防治要点

①选用高质量的棉种适期播种。高质量的种子是培育壮苗的基础，棉种质量好，出苗率高，苗壮则病轻。以5cm土层温度稳定达到12℃（地膜棉）至14℃（露地棉）时播种，即平均气温在20℃以上时播种为宜。②深沟高畦。南方棉区春雨较多，棉田易受渍涝，这是引起大量叶斑病的重要原因。棉田深沟高畦可以排除明涝暗渍，降低土壤湿度，有利于防病保苗。③化学防治。棉苗出土即会受轮纹斑病等苗期叶病的侵害，因此要喷药保护棉苗，预防叶病。在棉花齐苗后，遇到寒流阴雨，轮纹叶斑病等就会发生，要在寒流来临前喷药保护。防治叶病的药剂有1∶1∶200波尔多液、65%代森锌可湿性粉剂250 ～ 500倍液、25%多菌灵可湿性粉剂300 ～ 1 000倍液、50%克菌丹可湿性粉剂200 ～ 500倍液等。

8 棉苗褐斑病

概述

棉苗褐斑病在全国各棉区均有发生，是棉花上最常见的叶部病害之一。

症状

最初在子叶上形成紫红色斑点，后扩大成圆形或不规则形黄褐色病斑，边缘为紫红色，稍有隆起。在苗期多雨年份往往发病严重，以致子叶和真叶满布斑点，引起凋落，影响幼苗生长。病斑表面散生的小黑点，是病菌的分生孢子器。

图1-18 棉苗褐斑病黄褐色病斑

病原形态特征

棉苗褐斑病的病原是棉小叶点霉（*Phyllosticta gossypina* Ellis et G. Martin.），属子囊菌无性型叶点霉属真菌。其分生孢子器埋藏在叶组织内，球形，暗褐色；分生孢子卵圆形至椭圆形，单胞，无色，大小为（4.8 ~ 7.9）μm×（2.4 ~ 3.8）μm，以菌丝及分生孢子器在病组织内越冬。

发病规律

在5、6月棉花幼苗期间，如果遇到连续阴雨低温或高湿低温天气，不利于棉苗的正常生长而有利于病菌为害，特别是温度先高然后骤然降低时，棉苗褐斑病等叶部苗病发生往往比较严重。

防治要点

①深耕冬灌，精细整地。北方一熟棉田，秋季进行深耕可将棉田内的枯枝落叶等连同病菌和害虫一起翻入土壤下层，对防治苗病有一定的作用。冬灌应争取在土壤封冻前完成，冬灌田比春灌田病情指数可减少10 ~ 17。进行春灌的棉田，也要尽量提早，因为播前灌水会降低地温，不利于棉苗生长。南方两熟棉田，要在麦行中深翻冬灌，播种前抓紧松土除草清行，冬翻两次、播前翻一次的棉田，苗期发病比没有翻耕的轻。②深沟高畦。南方棉区春雨较多，棉田易受渍涝，这是引起大量死苗的重要原因。棉田深沟高畦可以排除明涝暗渍，降低土壤

湿度，有利于防病保苗。③及时中耕，提高地温。在棉花出苗后如遇到雨水多的年份，应当在天气转晴后，及时中耕松土，改善棉苗四周的通气状况和提高地温，可以有效地减轻苗病的发生。④化学防治。棉苗出土后还会受褐斑病等苗期叶病的侵害，因此要喷药保护棉苗，预防叶病。在棉花齐苗后，遇到寒流阴雨，褐斑病等就会发生，要在寒流来临前喷药保护。防治叶病的药剂有1：1：200波尔多液、65%代森锌可湿性粉剂250～500倍液、25%多菌灵可湿性粉剂300～1 000倍液等。

9 棉苗疫病

概述

棉苗疫病在全国各棉区均有分布。在长江流域棉区的浙江、江苏、湖北部分地区比较流行，一些年份还造成较大损失，如1973年和1977年因该病造成17 000hm²棉苗死亡，1976年在江苏启东县疫病死苗重播面积高达60%～70%，但进入21世纪后，该病已比较少见。

症状

病斑圆形或不规则形，水渍状，病斑的颜色开始时略显暗绿色，与健康部分差别不大，随后变成青褐色；在病斑出现不久，天气放晴，空气湿度很快下降，病斑部分失水呈淡绿色，遇阳光照射后，不久呈黄褐色，病健部分界限明显，以后转成青褐色至黑色。在高湿条件下，子叶水渍状，如被开水烫过一样，造成子叶凋枯脱落（图1-19）。真叶期症状与子叶期相同，严重时子叶和真叶一片乌黑，全株枯死。

图1-19 棉苗疫病病株

病原形态特征

棉苗疫病病原为苎麻疫霉（*Phytophthora boehmeriae* Sawada），属卵菌门疫霉属。该病原菌寄主范围广，还能侵害黄瓜、辣椒、苹果、梨及林木等。菌丝无色无隔；孢囊梗无色，单生或呈假轴状分枝，大小为（25.0～130.0）μm×（2.0～3.0）μm。孢子囊初期无色，成熟后无色或淡黄色，卵圆形或近球形，大

小为 (26.4～88.0) μm×(13.2～59.4) μm，顶端有一个明显的半球形乳头状突起，偶尔2个，具脱落性，孢囊柄短，遇水后释放游动孢子。游动孢子肾脏形，侧生2根鞭毛。静止孢子球形或近球形，直径8.0～12.0 μm。藏卵器球形，光滑，初无色，成熟后黄褐色，直径19.0～42.9 μm。同宗配合。雄器绝大多数围生，少数侧生，椭圆或近圆形，大小为 (14.8～18.3) μm×(14.6～16.5) μm。卵孢子球形，成熟后黄褐色，直径平均26.2 μm。厚垣孢子很少产生。

发病规律

棉苗疫病菌能在土壤中长期存活，以卵孢子和厚垣孢子在土壤中越冬。多雨高湿是该病的重要发生条件，特别是5月的降水量对棉苗疫病发生轻重起决定性作用。凡雨水多的年份，发病就重，雨后几天是发病的主要时期。套作棉田、水边棉田田间湿度大，疫病发生较重。温度也是影响其发生的一个重要因素，温度15～30℃均可发病。4～5月，如低温多雨、寒流频袭，棉苗疫病即发生快，流行成灾；反之，若天旱少雨，棉田相对湿度在60%以下，棉苗疫病发生少，为害轻。

防治要点

①培育壮苗，增强抗病能力。选用优质棉种，高畦栽培，实行冬灌、避免春灌，出苗前、雨后中耕松土，清沟排渍，培育壮苗，创造不利于病原菌而有利于棉苗根系发育的条件，促进棉苗生长，增强抗病能力。②清洁田园，减少侵染源。清扫棉田残枝烂铃，严禁用棉田的烂铃、残枝、落叶沤肥，秋、冬季深翻土地，将病原菌翻入土壤下层，减少土表层的病原菌数量，对防治棉苗疫病有一定作用。③间种套作。在不同的种植区域采用不同的间作套种模式。比如在长江流域棉区，采用麦—棉间作套种和麦—棉—瓜间作套种模式；在黄河流域棉区，采用蒜—棉、葱—棉、瓜—棉、豆—棉等间作套种模式，可有效减轻棉苗疫病的发生。④化学防治。采用80%三乙膦酸铝可湿性粉剂以种子重量的0.5%拌种，能够有效预防棉苗疫病。出苗后在子叶展开时即可喷药保护，可选用80%三乙膦酸铝可湿性粉剂500～800倍液，或46.1%氢氧化铜水分散粒剂800～1 000倍液、1∶1∶200波尔多液、80%代森锌可湿性粉剂200～400倍液、70%代森锰锌可湿性粉剂200～400倍液、50%甲霜灵可湿性粉剂500～700倍液。

附 棉花苗病一般发生规律

棉种由播种到出苗，经常受到多种病原菌的包围，当外界条件有利于棉苗的生长发育时，虽有病菌存在，棉苗仍可正常生长；相反，当外界条件不利于棉苗生长发育而有利于病菌侵入时，就会造成烂籽、烂芽、病苗和死苗。总的说来，低温高湿不利于棉苗的正常生长而有利于病菌为害。所以，在棉花播种出苗期间如遇低温阴雨，特别是温度先高然后骤然降低时，苗病发生一定严重。①温度。各种病原菌对温度的要求大体相同，而其发病适温又各有差别。一般而言，10～30℃是多种病原菌滋生较适宜的温度，立枯病菌甚至在5～33℃的温度条件下都能生长。病害发生与土壤温度关系十分密切，棉籽发芽时遇到低于10℃的土温，会增加出苗前的烂籽和烂芽；病菌在15～23℃时最易侵害棉苗。猝倒病通常在土温10～17℃时发病较多，超过18℃发病即减少。有些病菌则在温度相对较高时易侵染棉苗，如炭疽病最适温度是25℃左右，角斑病是21～28℃，轮纹斑病和疫病是20～25℃。各种苗病发生的轻重、早晚与当年苗期温度情况密切相关。立枯病与猝倒病发病的适温较低，所以在幼苗子叶期发病较多。猝倒病多发生在4月下旬至5月初，造成刚出土的幼苗大量死亡；立枯病的为害主要在5月上、中旬。整个苗期，炭疽病和红腐病都会发生，前者在晚播的棉田或棉苗出真叶后仍继续为害。轮纹叶斑病和疫病多在棉苗生长后期发生，为害衰老的子叶和感染初生的真叶。②湿度和降雨。高湿有利于病菌的发展和传播，也是引起棉苗病害的重要条件。阴雨高湿，土壤湿度大，对棉苗生长不利，却有利于病菌的蔓延。土壤相对湿度小于70%，炭疽病发生不会严重；相对湿度大于85%，角斑病菌最易侵入棉苗为害；在涝洼棉田或多雨地区，棉田高湿不利于棉苗根系的呼吸，长期土壤积水会造成黑根苗，导致根系窒息腐烂，猝倒病发生最普遍。棉苗出土后，长期阴雨是引起死苗的重要因素，雨量多的年份死苗重。多雨更是苗期叶病的流行条件，轮纹斑病和疫病等都是在5、6月间连续阴雨后大量发生的。

10 棉角斑病

概述

棉角斑病是棉花上的一种细菌性病害，在全国各棉区均有发生，尤其在新疆棉区的海岛棉上比较常见，其他棉区陆地棉近年来比较少见。棉角斑病不仅侵害棉苗，也侵害棉花成株的茎、叶及发育中的棉铃。

症状

幼苗染病后，先在子叶背面出现水渍状透明斑点，逐渐转变成黑色，严重时子叶枯落。如遇多雨天气，病菌可自叶柄侵入幼茎，形成黑绿色油浸状长形条斑（图1-20），严重时幼茎中部变细，折断死亡。

图1-20　棉角斑病
a.初期症状　b.后期症状

病原形态特征

棉角斑病病原为地毯草黄单胞菌锦葵变种 [*Xanthomonas axonopodis* pv. *malvacearum*（Smith）Vauterin，Hoste，Kersiers et al.] 属薄壁菌门黄单胞菌属。菌落圆形，淡黄色有光泽，边缘整齐，革兰氏阴性，菌体短杆状，两端钝圆，(1.2 ～ 2.4) μm×(0.4 ～ 0.6) μm，极生单鞭毛，常成对聚成短链状。以棉籽短绒带菌为主，土中病残体也可带菌。

发病规律

棉角斑病的发生与流行的决定因素是品种抗病性和环境条件。一般而言，海岛棉比陆地棉感病，而陆地棉品种之间也存在抗性分化，有些品种抗性强，有些品种则高度感病。而病原菌也存在致病力分化，美国和澳大利亚有深入研究，我国陆地棉品种大部分对该病抗性比较好，这也是我国棉角斑病比较少见的主要原因。环境条件是棉角斑病发生与流行的外因，一般在棉花成株以后，如果遇到多雨低温气候条件，尤其是在台风、暴风雨天气条件下，致使棉株叶片或茎秆出现大量伤口，随后又有低温高湿的气象条件则该病容易流行。

防治要点

可采用深耕冬灌、精细整地，深沟高畦，及时中耕、提高地温等农业防治方法，减轻苗病。生产上最切实可行的防治棉苗期角斑病的方法是应用种衣剂，如63％吡·萎·福美双种衣剂、63％吡·萎·福干粉种衣剂、20％克百·多菌灵种衣剂、2.5%咯菌腈悬浮种衣剂等。棉花齐苗后，防治角斑病应与其他真菌类叶斑病结合进行，在控制真菌叶斑病的药剂（如1 ∶ 1 ∶ 200波尔多液、65%代森锌可湿性粉剂250 ～ 500倍液、25%多菌灵可湿性粉剂300 ～ 1 600倍液、50%克菌丹可湿性粉剂200 ～ 500倍液等）中加入抗生素类药剂即可控制棉角斑病。

11 棉铃疫病

概述

棉铃疫病在全国各棉区均有分布，以长江流域和黄河流域棉区比较常见，新疆等西北内陆棉区少见。

症状

多为害棉株下部的成铃。病斑先从棉铃基部或从铃缝开始出现，青褐色至青黑色，水渍状（图1-21）。起初病斑表面光亮，健部与病部界限清晰，逐渐向全铃扩展后，病斑变成中间青黑色、边缘青褐色，健部与病部界限模糊不清（图1-22）。单纯疫病为害的棉铃，发病后期在铃壳表面产生一层霜霉状物，即疫病菌的孢子囊和菌丝体。

图1-21 棉铃疫病发病初期病铃　　　　图1-22 棉铃疫病发病后期病铃

病原形态特征

棉铃疫病病原为芒麻疫霉（*Phytophthora boehmeriae* Sawada），属卵菌门疫霉属。其形态特征见"棉苗疫病"。

发生规律

棉铃疫病一般开始发生于7月下旬，8月上旬以后迅速增加，8月下旬（有的年份是中旬）为发病盛期，9月上旬以后，发病率即骤降，但直到10月还可以见到有零星发生。发病时期前后延续近3个月，但主要发生在8月上旬至9月上旬的40d中，尤以8月中、下旬最为重要，这个时期发病率的高低常决定当年棉铃病害的轻重。在长江流域棉区，棉铃疫病一般在8月中旬开始发生，主要发病期在8月中旬至9月中旬，9月下旬以后病害即减少，但延至10月仍有零星发病。一般而言，长江流域棉区棉铃病害发生的起止时间及发病盛期都比黄河流域棉区稍晚，这与雨季迟早不同有关。棉铃疫病与8、9月间的降雨有密切关系，特别是在8月中旬至9月中旬的1个多月内，雨量和雨日的多少是决定全年棉铃疫病轻重的重要因素。棉铃疫病病原菌的滋生及侵染棉铃，需要有一定的温度条件。棉铃疫病发生最适宜的温度为22～23.5℃，在15～30℃范围内都能侵染棉铃，致病适温在24～27℃之间。

防治要点

①人工阻隔。在棉田行间铺设麦秆、塑料薄膜阻隔土壤中的病原菌随水流向上飞溅；早摘烂铃，疫病烂铃都是铃皮先感病，全铃变黑后，内部棉絮仍然完好。因此，在棉铃初发病时及时摘下晾晒或用照明灯烘烤，既能收获棉絮，又能防止病铃再传染。②栽培措施。防止棉株生长过旺，枝叶过密、郁闭，而导致田间湿度过大；防止铃期氮肥施用过量，以增强抗倒、抗病能力，同时防止棉株铃期早衰。高畦栽培，能改善通风透光条件，降低湿度，减少烂铃；在多雨或灌溉后，要及时排除积水，降低田间湿度，减少病菌滋生和侵染机会。做好棉株培土垫根，有利于减轻龄期倒伏；遇台风暴雨袭击，要及时扶埋倒伏的棉株，推株并垄，利于散发水分，尤其可使棉铃脱离地面，明显减少烂铃。③间作套作。在不同的种植区域采用不同的间作套种模式，在长江流域棉区可采用麦—棉、麦—棉—瓜间作套种模式，在黄河流域棉区可采用蒜—棉、葱—棉、瓜—棉、豆—棉等间作套种模式，可有效减轻棉铃疫病的发生。④化学防治。可选用80%三乙膦酸铝可湿性粉剂500～800倍液，或46.1%氢氧化铜水分散粒剂800～1 000倍液、1：1：200波尔多液、80%代森锌可湿性粉剂200～400倍液、70%代森锰锌可湿性粉剂200～400倍液、25%甲霜灵可湿性粉剂500～700倍液。药液用量：特早熟棉区每667m^{2}不少于100kg，中熟棉区不少于125～150kg。喷药时间和次数：在盛花期后1个月（约7月底8月初）开始喷药，每隔10d左右喷药1次。北方根据当年雨季长短可喷2～5次；南方根据雨季早晚、长短可喷2～4次。喷药要求：由于烂铃主要发生在棉株下部，所以必须把药剂均匀喷洒在棉株1/3～1/2的下部棉铃上。

12 棉铃红腐病

概述

棉铃红腐病在全国各棉区均有发生。

症状

多发生在受伤的棉铃上。当棉铃受疫病、炭疽病或角斑病的侵染后，以及受到虫伤或有自然裂缝时，最易引起棉铃红腐病。病斑没有明显的界限，常扩展到全铃，在铃表面长出一层浅红色的粉状孢子或满覆盖着白色的菌丝体（图1-23）。病铃铃壳不能开裂或只半开裂，棉瓣紧结，不吐絮，纤维干腐。

图1-23　棉铃红腐病病铃

病原形态特征

棉铃红腐病由多种镰孢菌引起，主要有拟轮枝镰孢 [*Fusarium verticillioides* (Sacc.) Nirenberg.] 和木贼镰孢 [*F. epuiseti* (Corda) Sacc.]。在我国主要的致病菌拟轮枝镰孢，属子囊菌无性型，其培养性状见"棉苗红腐病"。

发生规律

棉铃红腐病发病率的高低年际间差异较大，但发病的起止时间及发病盛期在同一地区却大体一致。棉铃红腐病一般开始发生于8月上旬，8月下旬（有的年份是中旬）为发病盛期，9月上旬以后，如果遇到秋季阴雨年份发病率则比较高，甚至直到10月还可以见到有零星发生。发病时间前后延续近3个月，但主要发生在8月上旬至9月上旬的40d中，尤以8月中、下旬最为重要。棉铃红腐病严重与否与8、9月的降雨有密切关系，特别是在8月中旬至9月中旬的1个多月内，雨量和雨日的多少是决定全年该病轻重的重要因素。病铃率的高低与这个时期降雨的多少成正相关。在同一地区，该病发病率的年际差异相当大，这主要是受降雨的影响。棉铃红腐病病原菌的滋生及侵染棉铃，需要有一定的温度条件，棉铃红腐病发生最适宜的温度为19～24℃，湿度80%以上条件延续时间长时，该病则可能严重发生。

防治要点

①整枝摘叶，改善棉田通风透光条件。在生长茂盛的棉田整枝摘叶，使通风透光良好，降低湿度，对减少棉铃红腐病有一定的作用。②抢摘病铃，减少损失。在棉铃红腐病开始发生时，及时摘收棉株下部成熟的病铃，在场上晒干或在室内晾干，再剥壳收花，不仅可以减少病菌由下而上传播，而且可减轻受害棉铃的损失。因而及早动手，抢摘病铃，尚不失为一项容易做到而见效较快的措施，这在长江流域棉区是防治棉铃病害的主要措施。③利用植株避病特性，培育抗病品种。一般说来，晚熟、铃大、果枝长及果节节间长的品种棉铃病害较轻，而早熟、铃多及果枝短的品种感病较重。但因环境及生育状况不同，表现不稳定。④化学防治。在铃病发生前喷洒化学药剂具有一定防治效果，如棉花铃期8月上旬、中旬和下旬喷洒1：1：200波尔多液2～3次，能明显减轻棉铃病害率。

13 棉铃炭疽病和印度炭疽病

概述

棉铃炭疽病在全国各棉区均有发生，北方棉区发病率较低，长江流域棉区一般发生较重。

症状

棉铃炭疽病可由棉炭疽菌和印度炭疽菌引起，二者症状有所不同。炭疽病病铃最初在铃尖附近发生暗红色小点，逐渐扩大成褐色凹陷的病斑，边缘紫红色，稍隆起；气候潮湿时，在病斑中央可以看到红褐色的分生孢子堆（图1-24）。

图1-24 棉铃炭疽病病铃

图1-25 棉铃印度炭疽病病铃

印度炭疽病病铃的病斑初呈水渍状，后变褐色凹陷，上面散生小黑点，为分子孢子盘（图1-25）。受害严重的棉铃整个溃烂或不能开裂。在苗期炭疽病严重的地方，棉株生长后期棉铃炭疽病也往往较重。病菌可以直接侵染无损伤的棉铃，但在棉铃受疫病等病害侵染或有虫伤时，炭疽病较易发生。

病原形态特征

棉铃炭疽病病原为棉炭疽菌（*Colletotrichum gossypii* Southw.）和印度炭疽菌（*C. indicum* Dast.），属子囊菌无性型炭疽菌属。我国棉铃炭疽病主要由棉炭疽菌引起，其培养性状见"棉苗炭疽病"。

发病规律

棉铃炭疽病一般8月上旬开始发生，8月下旬（有的年份是中旬）为发病盛期，9月上旬以后，发病率即骤降，但直到10月还可以看到有零星发生。在长江流域棉区，该病一般在8月中旬开始发生，主要发病期在8月中旬至9月中旬，而以8月底到9月上中旬的棉铃病害损失最重，9月下旬以后棉铃病害即减少。棉铃炭疽病发生轻重与8、9月间的降雨有密切关系，特别是在8月中旬至9月中旬的1个多月内，雨量和雨日的多少是决定全年该病害轻重的重要因素。棉铃炭疽病最适宜致病的温度为25 ~ 30℃，在15 ~ 30℃范围内都能侵染棉铃，湿度85%以上条件延续时间长时，该病则可能严重发生。

防治要点

参见"棉铃红腐病"。

14 棉铃黑果病

概述

棉铃黑果病在全国各棉区均有发生。

症状

多在结铃后期侵染棉铃，棉铃一般在受伤的情况下发病，病菌也可直接穿入铃壳果皮为害棉铃。棉铃受害后期出现一层绒状黑粉（图1-26），这是由分生孢子器散发出来的分生孢子。通常病铃发黑，僵硬，多不能开裂（图1-27）。

图1-26　棉铃黑果病绒状黑粉　　　　　　图1-27　棉铃黑果病病铃

病原形态特征

棉铃黑果病病原为可可毛壳单隔孢 [*Lasiodiplodia theobromae*（Pat.）Griffon et Maubl.；异名：*Diplodia gossypina* Cooke，*Botryodiplodia theobromae* Pat.]，属子囊菌无性型壳色单隔孢属。菌落圆形，深褐色。菌丝淡褐色，成锐角分枝；分生孢子器球形，黑褐色，往往埋生于铃壳表皮下，顶端有乳头状孔口，直径300～400 μm；分生孢子梗细，不分枝；分生孢子椭圆形，初无色，单胞，成熟后变褐色，双细胞，大小为（14.5～29.5）μm×（9.6～14.0）μm。有性型为子囊菌门棉囊壳孢菌（*Physalospora gossypina* Stavens），子囊座丛生，黑色，大小为250～300 μm；子囊长90～120 μm；子囊孢子单生，无色，大小为（24～42）μm×（7～17）μm。病菌在PDA培养基上菌落为黑色，有菌丝，无孢子。一般只在燕麦粉培养基上才能诱导产生分生孢子器。

发病规律

棉铃黑果病一般8月上旬开始发生，8月中、下旬为发病盛期，9月下旬以后，一般不再发生。在新疆等西北内陆棉区，棉铃黑果病一般在7月下旬开始发生，主要发病期在8月中旬至9月中旬，而以8月底到9月上、中旬的棉铃黑果病损失最重，9月下旬以后即减少。棉铃黑果病发生程度与7～9月的降雨有密切关系，特别是在8月中旬至9月中旬的1个多月内，雨量和雨日的多少是决定全年该病轻重的重要因素。棉铃黑果病最适宜致病的温度为25℃左右，在15～30℃范围内都能侵染棉铃，湿度85%以上条件延续4d以上时，该病则可能严重发生。

防治要点

参见"棉铃红腐病"。

15 棉铃红粉病

概述

棉铃红粉病在全国各棉区均有分布，以长江流域和黄河流域棉区比较常见，新疆等西北内陆棉区少见。

症状

为害棉铃，症状略似红腐病。铃壳及棉瓣上满布着淡红色粉状物，粉层较红腐病厚而成块状，略带黄色，天气潮湿时成绒毛状（图1-28）。棉铃不能开裂，棉瓣干腐。

病原形态特征

棉铃红粉病病原是粉红单端孢 [*Trichothecium roseum* (Pers. ex Fr.) Link；异名：*Cephalothecium roseum* Corda]，

图1-28 棉铃红粉病病铃

属子囊菌无性型单端孢属。分生孢子梗直立，线状，有 2 ～ 3 个隔膜，大小为 (84.5 ～ 189.5) μm×(2.6 ～ 3.8) μm。分生孢子簇生于分生孢子梗的先端，梨形或卵形，无色或淡红色，双胞，中间分隔处稍缢缩，一端有乳头状突起。

发病规律

棉铃红粉病发病率的年际间差异较大，但发病的起止时期及发病盛期在同一地区却大体一致。棉铃红粉病一般开始发生比较晚，8月上旬至中旬才开始，9月上旬以后为发病盛期，如果遇到秋季阴雨年份发病率则比较高，甚至直到10月份还可以看到有零星发生。棉铃红粉病严重与否与8、9月间的降雨有密切关系，特别是在8月中旬至9月中旬的1个多月内，雨量和雨日的多少是决定全年该病轻重的重要因素。在同一地区，该病发病率的年际差异相当大，这主要是受降雨的影响。棉铃红粉病发生最适宜的温度为19 ～ 25℃，湿度85%以上条件延续时间长时，该病则可能严重发生。

防治要点

可采用整枝摘叶，改善棉田通风透光条件，抢摘病铃，利用植株避病特性，

培育抗病品种等方法。同时，应合理施用氮、磷、钾肥，避免偏施、迟施氮肥而引起植株贪青晚熟。在土壤湿度大的地区，注意开沟排水，降低田间湿度，减轻发病程度、减少损失。在棉铃期8月上旬、中旬和下旬喷洒1：1：200波尔多液2～3次，能明显减轻棉铃病害率。在治虫较彻底的棉田，单用波尔多液、代森锌、福美双防治棉铃病害，可达到50％以上的防治效果。

16 棉铃软腐病

概述

棉铃软腐病分布于全国各棉区，以长江流域和黄河流域棉区比较常见，新疆等西北内陆棉区少见。

症状

受害棉铃最初出现深蓝色伤痕，有时呈现叶轮状褐色病斑，以后病斑扩大，发展成软腐状，上生灰白色毛，干枯时变成黑色（图1-29）。

图1-29 棉铃软腐病病铃

病原形态特征

棉铃软腐病病原为黑根霉（*Rhizopus nigricans* Ehrb.），属藻菌纲毛霉目根霉属。培养菌落的菌丝生长茂盛，发达，有分枝，但一般无分隔。在病铃上有匍匐菌丝与假根。孢囊梗小，3根丛生，近褐色，顶端膨大，形成暗绿色球形的孢子囊，里面产生许多球形、单胞、浅灰色的孢囊孢子，直径1～24μm。孢囊孢子在5～33℃下均可萌发，最适萌发温度为26～29℃。接合孢子黑色，球形，表面有突起，最适生长温度为23～25℃，低于6℃或高于30℃均不能发育。

发病规律

棉铃软腐病菌一般从有虫蛀等伤口的棉铃上或棉铃壳裂缝处开始侵染，病原在这些伤口或壳缝处腐生为害，一旦温湿度合适，则迅速扩展，致使棉铃发生软腐，发病率在年际间差异较大，一般发生比较晚，8月中旬才开始，9月上旬以后为发病盛期，如果遇到秋季阴雨而温度又比较高的年份发病率则比较高。该病严重与否与8月、9月上旬间的降雨有密切关系，特别是在8月中旬至9月中旬的1个多月内，雨量和雨日的多少是决定全年该病轻重的重要因素。在同一地区，该病发病率的年际差异相当大，这主要是受降雨的影响。棉铃软腐病发生最适宜的温度为26～29℃，湿度85%以上条件延续时间长时，该病则可能严重发生。

防治要点

参见"棉铃红腐病"。

17 棉铃曲霉病

概述

棉铃曲霉病分布在全国各棉区，以黄河流域棉区和新疆等西北内陆棉区比较常见。

症状

病原菌侵染棉铃后，先在铃壳裂缝处产生黄褐色霉状物（图1-30），以后变成黑褐色，将裂缝塞满，病铃不能开裂（图1-31）。

图1-30 棉铃曲霉病霉状物

图1-31 棉铃曲霉病病铃

病原形态特征

棉铃曲霉病病原为曲霉属真菌（*Aspergillus* spp.）。其中，黄曲霉（*A. flavus* Link ex Fr.）、黑曲霉（*A. niger* Tieghy.）比较常见，均为子囊菌无性型曲霉属。黄曲霉菌落起初略带黄色，最终成为褐绿色。分生孢子穗半圆形，分生孢子梗直立，不分枝，顶端膨大成圆形和椭圆形，上面着生12层瓶状小梗，呈放射状分

布。分生孢子成串产生于小梗上,单胞,粗糙,球形,直径3 ~ 5 μm。

发病规律

棉铃曲霉病菌是次生性病害,一般从有虫蛀等伤口的棉铃上或已被疫病等侵染的棉铃壳裂缝处开始发病,病原菌在这些伤口或壳缝处腐生为害,一旦温湿度合适,则迅速扩展。棉铃曲霉病发病率的年际间差异较大,一般开始发生比较晚,8月中旬才开始,9月上旬以后为发病盛期,如果遇到秋季阴雨连绵,同时气温又比较高的年份发病率则比较高。该病严重与否与8月、9月上旬的降雨有密切关系,特别是在8月中旬至9月中旬的1个多月内,雨量和雨日的多少是决定全年该病轻重的重要因素。棉铃曲霉病生长最适宜的温度为26 ~ 33℃,湿度85%以上条件延续时间长时,尤其在8月中旬至9月中旬遇到台风等强降雨后,又接着高温高湿的年份,该病则可能严重发生。

防治要点

①及时清理田间病铃,减少菌源。②及时防治棉铃虫、棉田玉米螟、金刚钻等后期害虫,千方百计减少虫伤。③发病初期喷洒50%苯菌灵可湿性粉剂1 500倍液,或50%异菌脲可湿性粉剂2 000倍液、70%代森锰锌可湿性粉剂400 ~ 500倍液、36%甲基硫菌灵悬浮剂600倍液。

18 棉铃角斑病

概述

棉铃角斑病分布于全国各棉区,以新疆等西北内陆棉区比较常见,长江流域和黄河流域棉区少见。

症状

感病的棉铃开始在铃柄附近出现油渍状的绿色小点,逐渐扩大成圆形病斑,并变成黑色,中央部分下陷(图1-32),有时几个病斑连起来成不规则形的大斑。角斑病可以为害幼铃,幼铃受害后常腐烂脱落;成铃受害,一般只烂1 ~ 2室,但亦可引起其他病害侵入而使整个棉铃烂掉。

图1-32 棉铃角斑病黑色病斑

病原形态特征

同"棉苗角斑病"。

发病规律

棉铃角斑病发病率的年际间差异较大，一般开始发生比较晚，8月上旬至中旬才开始，9月上旬以后为发病盛期，如果遇到秋季阴雨年份，发病率则比较高。棉铃角斑病严重与否与8月、9月间的降雨有密切关系，特别是在8月中旬至9月中旬的1个多月内，雨量和雨日的多少是决定全年该病轻重的重要因素。该病发生最适宜的温度为24～28℃，湿度85%以上条件延续时间长时，该病则可能严重发生。

防治要点

参见"棉铃红腐病"。

19　棉茎枯病

概述

棉花茎枯病的分布比较广，新中国成立以来曾先后在辽宁、陕西、山西、河北、河南和山东等地严重发生，20世纪70年代末在江苏、浙江、上海和甘肃等省份有加重为害的趋势。但进入80年代以后，该病很少再有报道。而进入21世纪后，该病又在个别地区转基因抗虫棉上再度出现，故应关注其发生动向，防止再度暴发为害。

症状

（1）叶片。棉苗一出土，茎枯病菌就能侵害幼苗，在子叶上多出现紫红色的小点，以后扩大成边缘紫红色、中间灰白色或褐色的病斑。真叶受害后，最初边缘组织上出现紫红色、中间黄褐色的小圆斑，以后病斑扩大、合并，在叶片上有时出现不甚明显的同心轮纹，表面常散生小黑点状的分生孢子器，最后导致病叶干枯脱落。在长期阴雨高湿的条件下，还会出现急性型病状。起初叶片出现失水褪绿病状，随后变成像开水烫过一样的灰绿色大型病斑，大多在接近叶尖和叶缘处开始，然后沿着主脉急剧扩展，1～2d内可遍及叶片甚至全叶都变黑。严重时还会造成顶芽萎垂，病叶脱落，棉株落成光秆。

（2）叶柄与茎。叶柄发病多在中、下部，茎枝部受害多在靠近叶柄基部的

交接处及附近的枝条下（图1-33）。开始先出现红褐色小点，继则扩展成暗褐色的梭形溃疡斑，其边缘紫红色，中间稍凹陷，病斑上常生有小黑点。后期严重时病斑扩大包围或环割发病部位，外皮纵裂，内部维管束外露，这是茎枯病的一个主要特征。叶柄受害后易使叶片脱落，茎部受害后可使茎枝枯折，故名茎枯病。

（3）蕾铃。病菌能侵染苞叶和青铃，苞叶发病侵入是青铃的直接侵染源。青铃受害后，铃壳上先出现黑褐色病斑，以后病斑迅速扩大，使棉铃腐烂或开裂不全，铃壳和棉纤维上有时会产生许多小黑粒。

图1-33　棉茎枯病
（张小波、刘正德提供）

病原形态特征

棉茎枯病病原为棉壳二孢（*Ascochyta gossypii* Syd.），属子囊菌门壳二孢属。分生孢子器近球形，黄褐色，顶端有稍突起的圆形孔口。在显微镜下压迫孢子器，或孢子器吸水膨胀，即有大量的器孢子从孔口射出。器孢子卵形，无色，单胞或双胞，双胞的约占1/5，单胞的两端各有一个小油点。在马铃薯琼脂蔗糖培养基上，病菌不产生孢子，菌落呈橄榄色，老菌丝现深褐色。孢子球形或卵圆形，淡黄色，大小为（18～28）μm×（18～24）μm，表面有微小细刺，散生6～12个芽孔。冬孢子棱形或棒形，大小为（30～53）μm×（12～20）μm，顶端平截或圆，褐色，下部色较浅，一般为双细胞，偶见单细胞或三细胞，顶端壁厚3～5μm，横隔处稍缢缩，柄短，有色，不需冷冻处理便可萌发。

发病规律

茎枯病菌的初次侵染菌源，在病区以土壤带菌为主，病菌以菌丝体及孢子器在病残体上越冬，能在土壤中存活两年以上；在新棉区，种子带菌是最主要的初侵染源。当棉籽发芽时或幼苗出土后，潜藏于种子内外的以及病残体上的菌丝体、孢子即能侵染棉苗子叶和幼茎。在气候条件适宜的情况下，病菌产生大量的孢子，成为田间发病的菌源，并借风雨和蚜虫传播，造成再侵染。这样周而复始的多次侵染循环，就会构成病害大流行。一般相对湿度在90%以上持续4～5d的多阴雨天气，日平均气温为20～25℃，即有可能引起茎枯病大流行。在发病期间若伴有大风和暴雨，造成棉株枝叶损伤，则更有利于病菌的侵染和传播。由于蚜虫为害，棉株上出现大量伤口，为病菌入侵提供了条件。因此，蚜虫为害严重的田块，茎枯病就严重。棉田密度过大，施氮肥过多，会造成枝叶徒长，如果管理粗放，整枝措施跟不上，棉株荫蔽，通风透光不良，棉田湿度大，茎枯病为害就会加重。由于大量的茎枯病菌是随病残体在土壤中越冬，所以连作棉田的茎枯病比轮作换茬棉田严重。

防治要点

①实行轮作换茬。棉花与禾谷类作物如稻、麦等实行2～3年轮作一次，可有效地减轻茎枯病的发生与为害。②合理密植，及时整枝。水肥条件充足的棉田，应特别注意合理密植，不施过量的氮肥，适量配合磷、钾肥，使棉株生长稳健。棉株生长中后期要及时打老叶、剪空枝，以改善棉田通风透光条件。这样可减轻茎枯病为害。③清洁棉田。棉花收获后，要清理田间的残枝落叶和得病脱落的棉铃，同时要进行秋季（冬季）深翻耕，以消灭越冬菌源。④化学防治。在气候条件适合茎枯病发生的时期，要经常注意天气的变化，抢在雨前喷药保护。药剂可用1∶1∶200波尔多液、75%百菌清可湿性粉剂或50%克菌丹可湿性粉剂500倍液、65%代森锌可湿性粉剂600～800倍液、25%多菌灵可湿性粉剂1000倍液等。同时要注意防治蚜虫。

20　早衰

概述

早衰是一类非侵染性病害的总称，包括生理性病害、一些病虫害侵害诱发的、肥水管理失调等导致的早衰。棉花早衰的发生和危害已遍及我国西北内陆、黄河流域及长江流域三大主要棉区，东至江苏沿海，南至江西彭泽，西至新疆伊犁，北至北疆、辽宁朝阳。该病在黄河流域和长江流域的温暖潮湿地区发生普遍而严重。一般造成减产15%～20%，减产严重的达50%以上。

症状

植株矮小，叶片均匀失绿黄化，提前衰老、枯萎（图1-34，图1-35），蕾、铃脱落严重（图1-36），僵瓣、干铃增加，果枝果节少，封顶早，生长无后劲，上部空果枝多，提前吐絮。早衰棉田的果枝、铃数明显减少。早衰棉花桃小，衣分低，且成熟度差，棉纤维长度、麦克隆值、纤维强度等指标下降。如果不抗衰品种，一旦遇到合适的气候条件，往往全田发生，发病率可达100%。

图1-34　早衰不同发病程度叶片

图1-35　早衰叶片均匀失绿黄化

图1-36　早衰蕾、铃枯焦脱落

病原形态特征

早衰没有生物性病原，但一些病虫害侵害对其发生有诱发作用，如黄萎病侵染、黑斑病侵染均会促进其发生和加重其危害。

发病规律

高温、低温及高低温交替易引发早衰。如2004年8月4～15日新疆奎屯垦区的气温连续10d低于19℃，最低温度只有8.4℃。棉花叶片先是发红发紫，随后枯萎脱落，不能进行正常的光合作用，从而影响植株正常生长发育，形成大面积早衰，减产30%～40%。2006年8～9月持续高温，日平均温度达27～32℃，最高温度42℃，过高的温度影响棉花授粉受精，对坐伏桃不利。相当一部分坐桃较多的棉田都在此段时间落叶垮秆，造成早衰。湖北天门棉区2005年8月14～15日雨后天晴始见早衰症状，部分棉株叶片萎蔫青枯；8月20～23日暴雨，温度剧降，24日天气骤晴，温度急剧变化导致早衰大面积发生。表现为叶片变黑焦枯、脱落，棉株死亡。

防治要点

早衰一旦发生尚缺乏有效防治措施，应立足于早期综合防控。具体的防治方法：①种植抗衰棉花品种。因地制宜种植抗病性好、抗逆性强、品质好、丰产性突出的棉花品种。②平衡施肥。根据棉花需肥规律，施足底肥，增施有机肥，重施花铃肥，补施桃肥。合理使用微肥、叶面肥。③及时化控培育理想株型。在化控过程中应遵循"早、轻、勤"的原则。生育期化控5次，分别在2～3片叶、6～7片叶、10～11片叶、13～14片叶和打顶后化控，缩节胺用量可根据苗情、气候等环境条件确定，可塑造理想株型，使棉花正常稳健生长增加新叶数量。对抗虫棉可采用控制前期结铃，对中、下部果枝在有2～3个铃后即应将边心摘除，同时在后期增施花铃肥，尤其是磷、钾肥，调节棉花的库源比例，促进根系发育，增强植株生长势，防止早衰。④及时回收残膜。地膜覆盖栽培的棉田，犁地前采取机械和人力相结合的办法回收残膜。犁地后结合平地、耕地再次回收残膜，做到回收残膜率达到90%以上。以减少残膜对棉花根系生长的影响，促进棉根正常生长，减轻早衰发生。

第2章

棉花虫害

1 绿盲蝽

概述

学名：*Apolygus lucorum*（Meyer-Dür），属半翅目盲蝽科。主要分布于黄河流域棉区、长江流域棉区等。

为害状

以成虫（图2-1）和若虫（图2-2）刺吸取食为害，棉花嫩叶被害后，初呈现小黑点，随叶片长大，形成大小不规则的空洞，称为"破叶疯"（图2-3）。花瓣初现时，如花瓣顶部遭盲蝽为害，则呈现黑色斑点，表现卷曲变厚，花瓣不能正常开放；花瓣开放后，如花瓣中部或下部受害，则呈现暗黑色的小黑点片，严重时黑片满布（图2-4）。现蕾后，为害使幼蕾脱落，烂叶累累，植株疯长，形成"扫帚苗"。小蕾被害后，被害处即现黑色小斑点，2～3d全蕾变为灰黑色，干枯而脱落（图2-5）。大蕾被害后，除表现黑色小斑点外，苞叶微微向外张开，但一般很少脱落（图2-6）。幼铃受害后，常黑点密集，一般黑点达铃面积1/5时，幼铃即行脱落或变黑和僵硬，吐絮不正常（图2-7）。中型铃受害后，受害处周围常有胶状物流出，局部僵硬，很少脱落；大型铃受害后，铃壳上有点片状黑斑，均不脱落（图2-8）。

形态特征

成虫体长5～5.5mm，宽2.5mm，全体绿色。头宽短。眼黑色，位于头侧。触角4节，比身体短，第二节最长，基两节绿色，端两节褐色。喙4节，末端达后足基节端部，端节黑色。前胸背板绿色。颈片显著，浅绿色。小盾片、前翅革

图2-1 绿盲蝽成虫

图2-2 绿盲蝽若虫

图2-3 绿盲蝽为害顶叶

图2-4 绿盲蝽为害花

图2-5 绿盲蝽为害小蕾

图2-6 绿盲蝽为害大蕾

图2-7 绿盲蝽为害小铃

图2-8 绿盲蝽为害大铃

片、爪片均绿色，革片端部与楔片相接处略呈灰褐色。楔片绿色。膜区暗褐色。翅室脉纹绿色。足绿色，腿节膨大，胫节有刺，跗节3节，端节最长、黑色。爪2个，黑色。

卵长1mm左右，宽0.26mm，长形，端部钝圆，中部略弯曲，颈部较细，卵盖黄白色，前、后端高起，中央稍微凹陷。

若虫洋梨形，全体鲜绿色，被稀疏黑色刚毛。头三角形。唇基显著，眼小，位于头侧。触角4节，比体短。喙4节，绿色，端节黑色。腹部10节。臭腺开口于腹部第三节背中央后缘，横缝状，周围黑色。跗节2节，端节长，端部黑色。爪2个，黑色。

发生规律

成虫白天隐匿，活动取食、交尾产卵等主要在夜间进行。成虫羽化后3～5d达到性成熟，开始进行交尾。成虫具有多次交尾的习性，产卵前期7～10d。单雌产卵60～100粒，产卵期持续20～30d。成虫寿命为30～45d，最长可达120d。成虫具有明显的趋花性，喜取食植物花蜜，其季节性寄主转移基本按寄主植物的开花顺序进行。卵散产，常整个插入植物组织之中，仅留卵盖在植物表面，肉眼难以发现。卵历期为8～12d。若虫白天大多藏于棉株叶背、蕾铃苞叶、花等隐蔽处，活动灵活，一旦受惊扰，迅速转移，因此在田间常难以发现。若虫历期一般为11～15d。冬季以卵滞育越冬。

1年常发生5代。以卵在棉花枯枝与铃壳、枯死杂草、果树断枝等场所越冬。4月中、下旬越冬卵孵化，一代若虫在越冬寄主或周边植物上取食；一代成虫羽化高峰在5月下旬左右，部分成虫向开花的杂草或留种茼蒿、蚕豆等处于花期的作物上转移；6月中、下旬二代成虫羽化后全面迁入棉田，三、四代若虫主要在棉花上为害，三代成虫在7月下旬至8月初羽化；四代成虫于9月初羽化，大部分从进入吐絮期的棉花向田埂杂草等寄主上转移；五代成虫于9月底至10月初迁至越冬寄主上产卵越冬。成虫寿命长，田间世代重叠现象严重。连续降雨有助于种群发生，在生产上流传着"一场雨，一场虫"的说法。

防治要点

（1）农业防治。4月越冬卵孵化之前，通过果树修剪、棉田土壤深耕等方式毁减越冬场所，压低虫源基数。避免棉田与果树、牧草等地毗邻或间作，减少不同寄主间交叉为害。及时整枝打顶，控制棉株徒长，减轻绿盲蝽的发生为害。在棉田四周种植绿豆诱集带，对绿豆上的绿盲蝽定期进行化学防治，可控制棉田绿盲蝽发生并减少棉田农药使用量。

（2）化学防治。5月中、下旬，除草剂和杀虫剂混合后在棉田周边的杂草上喷雾，可以压低早春虫源。棉田防治指标为：二代（苗、蕾期）绿盲蝽百株5头，或棉株新被害株率达2%～3%；三代（蕾、花期）百株有虫10头，或被害株率5%～8%；四代（花、铃期）百株虫量20头。防治适期为二至三龄若虫的发生高峰期。推荐药剂及使用剂量为：5%丁烯氟虫腈乳油450～600mL/hm²、10%联苯菊酯乳油450～600mL/hm²、40%灭多威可溶性粉剂525～750g/hm²、45%马拉硫磷乳油1 050～1 200mL/hm²、40%毒死蜱乳油900～1 200mL/hm²、35%硫丹乳油600～900mL/hm²。降雨后，加强种群监测与防控；在雨水多的季节，应及时抢晴防治。

2　中黑盲蝽

概述

学名：*Adelphocoris suturalis* Jakovlev，属半翅目盲蝽科。主要分布于长江流域棉区和黄河流域棉区南部地区。

为害状

同"绿盲蝽"。

形态特征

成虫（图2-9）体长7mm，宽2.5mm，体表被褐色绒毛。头小，红褐色，三角形，唇基红褐色。眼长圆形，黑色。触角4节，比身体长；第一、第二节绿色，第三、第四节褐色；第一节长于头部，粗短；第二节最长，长于第三节；第四节最短。前胸背板，颈片浅绿色；胝深绿色，后缘褐色，弧形；背板中央有黑色圆斑2个；小盾片、爪片内缘与端部、楔片内方、革片与膜区相接处均为黑褐色。停歇时这些部分相连接，在背上形成一条黑色纵带，故名中黑盲蝽。革片前缘黄绿色，楔片黄色，膜区暗褐色。足绿色，散布黑点。中、后足腿节略膨大；胫节细长，具黑色刺毛，端部黑色；跗节3节，绿色，端节长，黑色。雌性产卵管位于第八、第九腹节腹面中央腹沟内。雄虫仅第九节呈瓣状。

卵淡黄色，长1.14mm，宽0.35mm，长形，稍弯曲。卵盖长椭圆形，中央向下凹入、平坦，卵盖上有一指状突起。颈短，微曲。

若虫（图2-10）头钝三角形，唇基突出，头顶具浅色叉状纹。复眼椭圆，赤红色。触角比身体长，4节，第一节粗短，第二节最长，第四节短而膨大，基部两节淡褐色，端两节深红色。腹背第三节后缘有横红褐色臭腺开口。足红色。腿节及胫节疏生黑色小点。跗节2节，端节黑色。

图2-9　中黑盲蝽成虫

图2-10　中黑盲蝽若虫

发生规律

生活习性基本同绿盲蝽。在长江流域1年发生4～5代。在江苏地区，越冬卵产在杂草及棉花叶柄和叶脉中，随叶片枯焦脱落并混于其中在棉田土表越冬。4月中旬开始孵化，6月下旬至7月上旬二代，8月上、中旬三代，9月上、中旬四代，成虫集中在棉田产卵为害。四代、五代成虫9月下旬至11月上旬在棉田及杂草上生活，产卵越冬。棉田若虫为害盛期为7月中旬至9月上旬，主要为害花及幼铃，其中以四代成虫为害最重。

防治要点

棉田是中黑盲蝽最主要的越冬场所，棉茬田深耕细耙能有效消灭中黑盲蝽越冬卵，压低虫源基数。其余参考绿盲蝽。

3 三点盲蝽

概述

学名：*Adelphocoris fasciaticollis* Reuter，属半翅目盲蝽科。分布于黄河流域棉区等。

为害状

同"绿盲蝽"。

形态特征

成虫（图2-11）体长6.5～7mm，宽2～2.2mm，体褐色，被细绒毛。头小，三角形，略突出。眼长圆形，深褐色。触角褐色，4节，以第二节为最长，第三节次之，各节端部色较深。喙4节，基两节黄绿色，端节黑色。前胸背板绿色，颈片黄褐色，胝黑色，致使背板前缘显两黑斑。后缘中线两侧各有黑色横斑1个，有时此两斑合而为一，形成一黑色横带。小盾片黄色，两基角褐色，使黄色部分呈菱形。前翅爪区褐色，革区前缘部分黄褐色，中央部分深褐色。楔片黄色，膜区深褐色。足黄绿色。腿节具有黑色斑点，胫节褐色，具刺。

卵长1.2～1.4mm，宽0.33mm，淡黄色。卵盖椭圆形，暗绿色，中央下陷，卵盖上有一指状突起，周围棕色。

若虫（图2-12）全体鲜明橙黄色，体被黑色细毛。头黑褐，有橙色叉状纹，眼突出于头侧。触角4节，黑褐色，被细绒毛；第二节近基部及第三、第四节基部均黄白色。喙与体同色，尖端黑色，末端达腹部第二节。前胸梯形，中、后胸因龄期不同，翅芽有不同程度的发育。背中线浅色，明显。腹部10节，在第三节背中央后缘有小型横缝状臭腺开口，足深黄褐色。腿节稍膨大，近端部有一浅色横带。前、中足胫节近基部与中段黄白色，后足胫节仅近基部有黄白色斑，其余为黑褐色。

图2-11 三点盲蝽成虫

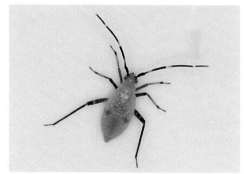

图2-12 三点盲蝽若虫

发生规律

生活习性基本同绿盲蝽。三点盲蝽在黄河流域棉区1年发生3代，以卵在枣、桃等树皮内滞育越冬。越冬卵5月上旬开始孵化。第一代成虫的出现时间大约在6月下旬到7月上旬；第二代在7月中旬出现；第三代在8月中下旬出现。三点盲蝽成虫寿命长，同时成虫产卵期长。因此，田间世代重叠现象严重。

防治要点

同"绿盲蝽"。

4 苜蓿盲蝽

概述

学名：*Adelphocoris lineolatus* Goeze，属半翅目盲蝽科。分布于黄河流域棉区、西北内陆棉区等。

为害状

同"绿盲蝽"。

形态特征

成虫（图2-13）体长8～8.5mm，宽2.5mm。全体黄褐色，被细绒毛。头小，三角形，端部略突出。眼黑色，长圆形。触角褐色，丝状，比体长，第一节较粗壮，第二节最长，端部两节颜色较深，第四节最短。喙4节，基两节与体同色，第三节带褐色，端部黑褐色，末端达后足腿节端部。前胸背板绿色，略隆起。胝显著，黑色，后缘带褐色，后缘前方有两个明显的黑斑。小盾片三角形，黄色，中线两侧各有纵行黑纹1条。半翅鞘革片前缘、后缘黄褐色，中央三角区褐色；爪片褐色；膜区暗褐色，半透明；楔片黄色；翅室脉纹深褐色。足基节长，斜生。腿节略膨大，端部约2/3具有黑褐色斑点。胫节具刺。跗节3节，第一节短，第三节最长，黑褐色。

卵长1.2～1.5mm，宽0.38mm，长形，乳白色，颈部略弯曲。卵盖倾斜，椭圆形，棕色，周缘隆起中央凹入，很厚，且比颈部为宽，在卵盖的一边有一突起。卵产于植物组织中，卵盖外露。

若虫（图2-14）全体深绿色，遍布黑色刚毛，刚毛着生于黑色毛基片上，故

图2-13 苜蓿盲蝽成虫

图2-14 苜蓿盲蝽若虫

本种若虫特点为绿色而杂有明显的黑点。头三角形。眼小，位于头侧。触角4节，褐色，比身体长，第一节粗短，第二节最长，第四节长而膨大。喙有横缝状臭腺开口，周围黑色。足绿色。腿节上杂以黑色斑点，胫节灰绿色，上有黑刺；跗节2节，端节长。爪2个，黑色。

发生规律

生活习性基本同绿盲蝽。苜蓿盲蝽在黄河流域棉区1年发生4代，在西北内陆棉区发生3代，以卵在苜蓿、杂草、棉秸等茎秆内滞育越冬。在黄河流域棉区，第二代成虫羽化高峰期为7月上旬，成虫大量迁入棉田为害；第三代、第四代成虫发生高峰期分别是8月上旬和9月上旬，这两代仍然主要为害棉花，至9月中旬棉花植株开始衰老，苜蓿盲蝽成虫陆续迁出棉田。在西北内陆棉区，第一代成虫盛期为6月上中旬，成虫羽化后迁入棉田；7月中旬出现第二代若虫，7月底至8月初第二代成虫开始羽化；8月上中旬迁出棉田。成虫明显偏好紫花苜蓿，邻作的棉田发生严重。

防治要点

在棉花与苜蓿混作地区，需做好棉田与苜蓿地苜蓿盲蝽的统一防治。苜蓿地是苜蓿盲蝽的主要虫源地。苜蓿第一次刈割的时间，一般越早越好（特别是在若虫期），可使若虫因食物匮乏而大量死亡，从而有效压低种群数量。秋季苜蓿盲蝽在苜蓿地中大量产卵。因此，最后一次苜蓿刈割不宜过早，而且留茬越低越好。其他防治技术参考绿盲蝽。

5 牧草盲蝽

概述

学名：*Lygus pratensis* L.，属半翅目盲蝽科。分布于西北内陆棉区等。

为害状

同"绿盲蝽"。

形态特征

成虫（图2-15）体长5.5～6mm，宽2.2～2.5mm，体绿色或黄绿色，越冬前后为黄褐色。头宽而短，复眼椭圆形，褐色。触角丝状，长3.60mm左右，其一、二、三、四节比例为1：3.2：1.88：1.36；各节均被细毛，其两侧为断续

的黑边，胚的后方有2个或4个黑色的纵纹，纵纹的后面即前胸背板的后缘，尚有2条黑色的横纹，这些斑纹个体间变化较大。小盾片黄色，前缘中央有2条黑纹，使盾片黄色部分呈心脏形。前翅具刻点及细茸毛，爪片中央、楔片末端和革片靠爪片、翅结、楔片的地方有黄褐色的斑纹，翅膜区透明，微带灰褐色。足黄褐色，腿节末端有2～3条深褐色的环纹，胫节具黑刺，跗节、爪及胫节末端色较浓。爪2个。

卵长约0.90mm，宽约0.22mm，苍白色或淡黄色。卵盖很薄，仅厚0.03mm左右，口长椭圆形0.24mm×0.09mm。卵中部弯曲，端部钝圆。卵壳边缘有一向内弯曲的柄状物，卵壳中央稍下陷。

若虫（图2-16）黄绿色，前胸背板中部两侧和小盾片中部两侧各具黑色圆点1个；腹部背面第三腹节后缘有1黑色圆形臭腺开口，构成体背5个黑色圆点。

图2-15　牧草盲蝽成虫

图2-16　牧草盲蝽若虫

发生规律

牧草盲蝽以成虫蛰伏越冬，其余生活习性基本同绿盲蝽。牧草盲蝽在南疆1年发生4代。3月中、下旬出蛰活动；5月中、下旬出现第一代成虫和若虫。第二代发生高峰期在6月中、下旬至7月上旬，此时棉花进入现蕾盛期至开花期，受害后极易形成中空；第三代发生在8月上、中旬，主要为害棉株中、上部幼蕾，8月中、下旬迁飞至棉田外寄主上；第四代若虫和成虫发生在9月中、下旬，对棉田少为害。在北疆地区，牧草盲蝽1年发生3代。以成虫在杂草残体和树皮裂缝中越冬，翌年3～4月，越冬成虫出蛰活动，先在田埂杂草上取食，6月中旬第一代成虫迁入棉田为害，7月下旬第二代成虫达到为害盛期，8月下旬出现第三代。9月下旬后，成虫陆续迁移到开花的杂草上产卵繁殖，最后以成虫蛰伏越冬。全年世代重叠严重。

防治要点

盐碱地和荒滩滋生大量的藜科等杂草，是牧草盲蝽秋季繁殖的主要场所，应结合条田规划加以开垦改良。棉田不要与甜菜、菠菜和十字花科蔬菜的留种地，油菜、苜蓿等作物，枣、梨等果树间作或邻作，避免在不同作物间交叉为害。在不影响棉花生长发育的情况下，适当推迟灌头水的时间，并推行细流沟灌的方式，防止大水漫灌。其他防治方法参考绿盲蝽。

6 棉蚜

概述

学名：*Aphis gossypii* Glover，属半翅目蚜科。别名：蜜虫、腻虫等。分布于黄河流域棉区、长江流域棉区、西北内陆棉区。

为害状

成、若蚜都主要集中在棉叶背面或嫩尖吸食汁液（图2-17）。苗期受害，棉叶卷缩，棉株生长发育缓慢，开花结铃推迟（图2-18）。蕾铃期受害，上部嫩叶卷缩，中部叶片出现油状蜜露，叶表蚜虫排泄的蜜露常诱发霉菌滋生，严重时导致蕾铃脱落。

图2-17 棉蚜高密度发生

图2-18 棉蚜为害棉苗

形态特征

卵椭圆形，长0.5～0.7mm。初产时橙黄色，后变为漆黑色，有光泽。若虫分有翅若蚜和无翅若蚜。有翅若蚜夏季体淡红色，秋季灰黄色，胸部

两侧有翅芽，在一至六腹节的中侧和二至五腹节的两侧各有白色圆斑1个，经4次蜕皮后变为有翅胎生雌成蚜。无翅若蚜体色夏季为黄色或黄绿色，春秋为蓝灰色，复眼红色，经4次蜕皮变为无翅胎生雌成蚜。

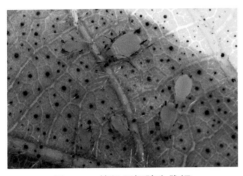

图2-19　棉蚜无翅胎生雌蚜

成蚜有几种不同形态变化。①干母：体长1.6mm，茶褐色，触角5节，无翅，行孤雌生殖。②无翅胎生雌蚜（图2-19）：体长1.5～1.9mm，宽0.65～0.86mm，体色夏季黄绿或黄色，春秋季蓝黑、深绿或棕色。触角6节，第三、四节无感觉孔，五节末端及六节膨大处各有1个感觉孔。腹部末端有1对短的暗色腹管，尾片青绿色，乳头状，两侧有刚毛3对。③有翅胎生雌蚜：体长1.2～1.9mm，体黄色、浅绿或深绿色，前胸背板黑色。有透明翅2对，前翅中脉3支，后翅中、肘脉都有。腹部背面两侧有3～4对黑斑。触角6节，比较短。第三节一般有感觉孔5～8个，排成1行，第四节无感觉孔或仅有1个，第五节末端及第六节膨大处各有1个感觉孔。腹管暗黑色，圆筒形，表面有瓦纹，尾片同无翅胎生雌蚜。④无翅胎生雄蚜：体长1～1.5mm，体灰褐、墨绿、暗红或赤褐色。触角5节，第四节末端有1个感觉孔，第五节基部有2～3个感觉孔。后足胫节特别发达，并有排列不规则的圆点几十个。腹管较小，黑色。尾片同无翅胎生雄蚜。⑤有翅胎生雄蚜：体长1.28～1.9mm，体色变异很大，有绿、灰黄或赤褐。触角6节，三、四节各有感觉孔20多个，五节上10多个，六节上7～8个。腹管灰黑色，较有翅胎生雌蚜的腹管短小。

发生规律

大多数棉区棉蚜属全生活周期。冬季以卵越冬，翌年气温6℃时开始孵化为干母。12℃时开始胎生无翅雌蚜（干雌），干雌繁殖若干代后，产生有翅胎生雌蚜（迁移蚜），此时正值棉苗出土时节，迁移蚜迁向棉苗及其他夏季寄主，在其上以孤雌胎生方式产生侨居蚜（无翅或有翅胎生雌蚜），有翅者可再迁飞。侨居蚜繁殖若干代后，到晚秋就产生有翅性母，性母飞回越冬寄主上产生有翅雄蚜和无翅产卵雌蚜，雌、雄蚜交尾产卵。

在早春和晚秋，棉蚜10多天可繁殖1代。在气温转暖时，4～5d繁殖1代。每头成蚜一生可产60～70头若蚜。在寄主营养条件恶化、蚜虫群体拥挤及不适宜气候条件等因素影响下，无翅蚜将转变为有翅蚜。

苗蚜和伏蚜是棉蚜的两个主要生态型。棉花苗期，苗蚜发生，个体较大，深绿色，适宜繁殖温度为 16 ～ 24℃。当日平均气温达到 27℃ 以上时，苗蚜种群减退。经过一定时间的高温，残存的棉蚜产出黄绿色、体形较小的伏蚜，发生最适温度为 24 ～ 27℃。当气温升高到 28.5 ～ 30℃，伏蚜数量明显下降。

在黄河流域、长江流域棉区每年发生 20 ～ 30 代，西北内陆棉区 16 ～ 20 代。第一寄主（越冬寄主）主要为木槿、花椒、石榴、鼠李等，第二寄主（夏季寄主）有棉花及葫芦科、茄科、豆科、菊科和十字花科植物等。棉蚜的主要天敌有瓢虫、草蛉、小花蝽、蜘蛛、蚜茧蜂等。当天敌总数与棉蚜比例为 1：200 时，可控制蚜量。在雨水冲刷下，棉蚜种群数量明显减退，干旱气候有利于棉蚜增殖和扩散。高温、干旱对伏蚜种群有显著的抑制作用，而时晴时小雨的天气对伏蚜最为有利。

防治要点

①农业防治。将棉花与小麦套作，利用小麦蚜虫招引天敌，麦熟后转移到棉苗上控制苗蚜发生。②化学防治。苗蚜在三叶期以前的防治指标是卷叶株率 20%，三叶期以后是卷叶株率 30% ～ 40%。伏蚜的防治指标是平均单株顶部、中部、下部 3 叶蚜量 150 ～ 200 头。用种衣剂进行包衣棉种或用 10% 吡虫啉可湿性粉剂 500 ～ 600g，拌棉种 100kg 防治苗蚜。达到防治指标时，每公顷用 10% 吡虫啉可湿性粉剂 150 ～ 300g，或 20% 啶虫脒可溶粉剂 30 ～ 45g、20% 丁硫克百威乳油 450 ～ 675g，对水 40L 喷雾，如蚜虫发生量较大，10d 左右再喷一次。

7　棉长管蚜

概述

学名：*Acyrthosiphon gossypii* Mordvilko，属半翅目蚜科。别名：棉无网长管蚜、大棉蚜。分布于西北内陆棉区。

为害状

分散为害，造成叶片产生失绿小点，不卷缩。

形态特征

无翅胎生雌蚜（图 2-20）体长 3.5mm，草绿色，被蜡粉，头部额瘤外倾，触角稍长于身体，第六节鞭部为

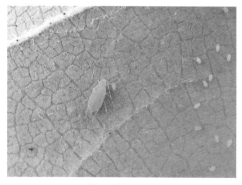

图2-20　棉长管蚜无翅胎生雌蚜

基部的3～4倍，第三节基部有小圆感觉圈1～3个，腹部背面几乎无斑纹。腹管很长，约等于触角第四、五节之和，可达体长之半或1/3，尾片有长毛8～12根。有翅胎生雌蚜体长2.7mm，草绿色或淡黄绿色，额瘤显著，外倾触角比身体长，第三节基部2/3有小圆感觉圈10～20个。

发生规律

棉长管蚜以卵在骆驼刺、甘草及槐属植物上越冬。足长，善爬行，不群聚，分散于棉花叶背、嫩枝和花蕾上为害。当气温上升到10℃时即孵化，在越冬寄主上胎生，繁殖数代后产生有翅蚜，向侨居寄主迁飞，5、6月侵入棉田，迁入棉田数量的多少是当年发生轻重的关键。一般在7、8月为害最重。

防治要点

冬、春两季铲除田边、地头杂草，早春对越冬寄主进行化学防治，消灭越冬寄主上的蚜虫。其他防治方法参考棉蚜。

8 棉黑蚜

概述

学名：*Aphis craccivora*（Koch），属半翅目蚜科。分布于西北内陆棉区。

为害状

常聚集在棉苗嫩头上为害，使顶芽生长受阻，造成腋芽丛生，叶片卷缩而呈畸形（图2-21）。

形态特征

无翅孤雌蚜体长2.1mm，宽1mm，黑褐色，略被薄蜡粉，略具光泽；头部黑色，前胸部具背中横带，缘斑与中胸中侧斑断续，腹部第一至六节背板各斑相连成为一大黑斑，缘瘤位于前胸及腹部第一、七节背板。有翅孤雌蚜头胸黑色，腹部背面具黑色斑纹，触角第三节具感觉圈5～7个。

图2-21 棉黑蚜为害棉苗嫩头

发生规律

以受精卵在苦豆或苜蓿嫩茎及根颈部越冬。翌春气温上升到10℃以上时，越冬卵孵化为干母，进行孤雌生殖，成长后可营孤雌卵胎生，后代仍然是孤雌蚜；在4月下旬至5月上旬产生有翅蚜，迁到刚出土的棉苗上为害，孤雌卵胎生数代，产生有翅侨蚜，飞至其他棉株上，5月下旬至6月上旬进入为害盛期。进入高温季节数量下降，部分在苜蓿上越夏，晚秋在苜蓿上产生雌蚜和雄蚜，交配后产卵越冬。气温16～23℃适宜发生。

防治要点

参考"棉蚜"。

9 桃蚜

概述

学名：*Myzus persicae*（Sulzer），属半翅目蚜科。全国各地均有发生，但主要在西北内陆棉区为害棉花。

为害状

在棉苗叶背为害，棉叶一般出现淡黄色失绿小点，不发生卷缩；当高密度为害时，可造成嫩叶穿孔，叶片轻度卷缩。

形态特征

无翅孤雌蚜（图2-22）体长约2.6mm，宽1.1mm，体色有黄绿色、洋红色。腹管长筒形，是尾片的2.37倍，尾片黑褐色；尾片两侧各有3根长毛。有翅孤雌蚜体长2mm，腹部有黑褐色斑纹，翅无色透明，翅痣灰黄或青黄色。有翅雄蚜体长1.3～1.9mm，体色深绿、灰黄、暗红或红褐。头胸部黑色。卵椭圆形，长0.5～0.7mm，初为橙黄色，后变成漆黑色而有光泽。

图2-22 桃蚜无翅孤雌蚜

发生规律

桃蚜是广食性害虫，寄主植物约有74科285种，主要在果树、蔬菜上发生。一般营全周期生活。早春，越冬卵孵化为干母，在冬寄主上营孤雌胎生，繁殖数代皆为干雌。当断霜以后，产生有翅胎生雌蚜，迁飞到十字花科、茄科作物等侨居寄主上为害，并不断营孤雌胎生，繁殖出无翅胎生雌蚜，继续为害。直至晚秋，当夏寄主衰老不利于桃蚜生活时，才产生有翅性母蚜，迁飞到冬寄主上，生出无翅卵生雌蚜和有翅雄蚜，雌雄交配后，在冬寄主植物上产卵越冬。越冬卵抗寒力很强，即使在北方高寒地区也能安全越冬。桃蚜也可以一直营孤雌生殖的非全周期生活，比如在北方地区的冬季，仍可在温室内的茄果类蔬菜上继续繁殖为害。

5月中旬陆续迁入棉田为害，6月上旬种群数量迅速上升，至6月中旬达高峰，6月底之后数量锐减，7月底开始迁出棉田。早春、晚秋19～20d完成1代，夏秋高温时期，4～5d繁殖1代。一只无翅胎生蚜可产出60～70只若蚜，产卵持续20余天。

防治要点

参考"棉蚜"。

10 朱砂叶螨

概述

学名：*Tetranychus cinnabarinus* Boisduval，属蛛形纲蜱螨亚纲真螨总目绒螨目叶螨科。分布于黄河流域棉区、长江流域棉区、西北内陆棉区。

为害状

成、若、幼螨均为害棉花叶片，常聚集在叶背（图2-23），用口针刺吸汁液，破坏细胞中的叶绿体。受害叶片正面现黄白斑，后变红（图2-24）。

形态特征

成螨体长0.42～0.52mm，体宽0.28～0.32mm（图2-25），雌螨梨形；夏型雌成螨初羽化体呈鲜艳红色，后变为锈红色或红褐色。体躯背面两侧各有两个褐斑，前一对大的褐斑可以向体末延伸与后面一对小褐斑相连接。冬型雌螨体橘黄色，体背面两侧无褐斑。雄成螨体长0.26～0.36mm，体宽0.19mm，体呈红色或

图2-23 朱砂叶螨为害叶片（背面观）

图2-24 朱砂叶螨为害叶片（正面观）

橙红色，头胸部前端近圆形，腹部末端稍尖。卵圆球形，直径0.13mm，初产时微红，渐变为锈红至深红色。幼螨有足3对。幼螨蜕皮后变为若螨，有4对足。

图2-25 朱砂叶螨成螨

（洪晓月 提供）

发生规律

分为卵、幼螨、若螨和成螨4个阶段。主要进行两性生殖，也可进行孤雌生殖。在雌螨羽化为成螨之前的静伏期，有早羽化的雄成螨守候在旁，待雌螨羽化后争相与之交配。未经交配的雌成螨所繁殖后代均为雄性。棉叶螨靠自身爬行扩散较慢，只在小范围内或待棉田植株封垄后特别是当食料不足时进行扩散。

朱砂叶螨发生代数因地而异。长江流域棉区1年18～20代，黄河流域棉区12～15代。在10月中下旬受精的雌成螨陆续由棉田迁至干枯的棉叶、棉秆、杂草根际或土缝中及棉田周围树皮裂缝处越冬。翌年2月下旬开始出蛰活动，5月上旬开始迁入棉田，6月上旬出现第一次螨量高峰，6月下旬出现第二次螨量高峰，8月仍可出现第三次螨量高峰。9月中旬后开始越冬。黄河流域棉区自6月中、下旬至8月下旬可发生两次高峰，长江流域棉区自4月下旬至9月上旬可发生3～5次高峰，西北内陆棉区自7月下旬至9月下旬有1个发生高峰。干旱有助于朱砂叶螨发生，大雨或暴雨能抑制其种群发生。

防治要点

①农业防治。越冬前应及时清除杂草，在秋播时耕翻整地，在棉苗出土

前，及时铲除田间或田外杂草。坚持"查、抹、摘、打、追"等措施。棉花蕾期受朱砂叶螨为害后，适量施用缩节胺可提高受害植株的耐害补偿能力，减少产量损失。②注意保护利用自然天敌。③化学防治。当大面积发生时常用的药剂有73%克螨特乳油、20%哒螨酮乳油、10%浏阳霉素乳油、2%阿维菌素乳油等。

11 截形叶螨

概述

学名：*Tetranychus truncates* Ehara，属蛛形纲蜱螨亚纲真螨总目绒螨目叶螨科。分布于黄河流域棉区、长江流域棉区、西北内陆棉区。

为害状

截形叶螨为害棉叶后只产生黄白斑点，不产生红叶。叶螨多时，叶背有细丝网，网下群聚螨体（图2-26）。截形叶螨为害在棉叶正面出现为害状较晚，其发生为害更加隐蔽，为害严重时，棉苗瘦弱，生长停滞，常导致受害叶大量焦枯脱落。

图2-26　截形叶螨为害叶片

形态特征

在外部形态上与朱砂叶螨不易区别（图2-27），但两者雄螨的阳具有显著差异。此外，截形叶螨的卵初产时为无色透明，渐变为淡黄至深黄色，微见红色。

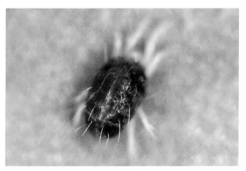

图2-27　截形叶螨成螨

（洪晓月　提供）

发生规律

生活习性基本同朱砂叶螨。1年发生10～20代，以雌螨在土缝中或枯枝落叶上越冬。翌年早春气温高于10℃，越冬成螨开始大量繁殖，有的于4月中、下旬至5月上、中旬迁入为害，先是点片发生，后向周围扩散。在植株上先为害下部叶片，后向上蔓延，繁殖数量多及大发生时，常在叶或茎、枝的端部群聚成团，滚落地面被风刮走扩散蔓延。6 ~ 8 月为害一般较重。

防治要点

同"朱砂叶螨"。

12　土耳其斯坦叶螨

概述

学名：*Tetranychus turkestani* Ugarov et Nikolski，属蛛形纲蜱螨亚纲真螨总目绒螨目叶螨科。分布于西北内陆棉区。

为害状

同朱砂叶螨。成、若、幼螨均为害棉花叶片（图 2-28），常聚集在叶背，用口针刺吸汁液，破坏细胞中的叶绿体。受害叶片正面现黄白斑，后变红。

图 2-28　土耳其斯坦叶螨

形态特征

雌螨体长 0.48 ~ 0.58mm，宽 0.36mm，椭圆形，体呈黄绿、黄褐、浅黄或墨绿色（越冬雌螨为橘红色），体两侧有不规则的黑斑；须肢端感器柱形，其长 2 倍于宽，背感器短于端感器，梭形；气门沟末呈 U 形弯曲；各足爪间突呈 3 对刺状毛，足 I 跗节 2 对双毛远离。雄螨体长 0.38mm，浅黄色，菱形；阳茎柄部弯向背面，形成一大端锤，近侧突起圆钝，远侧突起尖利，其背缘近端侧的 1/3 处有一角度。

卵圆形，初产时透明如珍珠，近孵化时为淡黄色。直径为 0.12 ~ 0.14mm。

幼螨 3 对足，体近圆形，长为 0.16 ~ 0.22mm。

若螨体椭圆形，长 0.30 ~ 0.50mm。足 4 对，体浅黄色或灰白色，行动迅速。与雌成螨所不同的是少基节毛 2 对，生殖毛 1 对，同时无生殖皱襞。

发生规律

土耳其斯坦叶螨在田间的雌雄比例生长季节为 8 ∶ 1 或 10 ∶ 1，而深秋时为

（4～5）：1。干旱时雄螨也较多。但一般情况下，雌螨比例远大于雄螨，卵多产于叶背丝网下叶脉两侧和萼凹处。1头雌成螨日产卵3～24粒，平均6～8粒，一生可产100粒左右，多产于叶螨取食活动处。

土耳其斯坦叶螨在北疆1年发生9～11代，以受精雌成螨越冬。越冬寄主和场所：一是杂草根际，以双子叶杂草为最多；二是田内外、地头、林带的枯枝落叶层下。翌年当气温升高到8℃时，越冬螨就开始出蛰活动，在北疆棉区，于5月上、中旬开始点片出现，但此时气温较低，繁殖速度慢，棉苗受害较轻。5月下旬、6月初，集中为害，棉叶上很快出现红斑。6月下旬、7月初出现第一个高峰期，7月的中、下旬出现第二个高峰期，如得不到有效控制，于8月出现第三个高峰，而且一次比一次螨量多、为害重，到8月下旬受害严重的棉田便呈现一片红色，对棉花生产造成严重威胁。

防治要点

同"朱砂叶螨"。

13 棉叶蝉

概述

学名：*Empoasca biguttula* Ishida，属同翅目叶蝉科。分布于黄河流域棉区、长江流域棉区。

为害状

成虫和若虫在棉叶背面取食，使棉叶发生不同程度的收缩。形成"缩叶病"，受害严重的棉叶由红变焦黑，全棉田像火烧一样，最后枯死脱落。同时，还可传播病毒病。

形态特征

成虫体长约3mm（包括翅）。头、胸、腹黄绿色，前翅淡绿色，末端无色透明，内缘靠近末端1/3处有一明显黑圆点，这是棉叶蝉成虫的主要特征之一（图2-29）；后翅透明。雌虫较宽大，腹面末端中央有一黑褐色产卵器。雄虫腹面末节中央处两侧各有1块狭长而密生细毛的下生殖板。

卵长肾形，长约0.7mm，宽约0.15mm。初产时无色透明，孵化前为淡绿色。

若虫共5龄。一至五龄若虫体长依次为0.8mm、1.3mm、1.6mm、1.9mm、2.2mm。中、后胸两后角向后长出翅芽，随龄期增长由乳头状突起发展为长条形

（图2-30）。

图2-29　棉叶蝉成虫

a.背面观　b.侧面观

图2-30　棉叶蝉若虫

发生规律

成虫常栖息在植株中上部叶片背面。棉叶蝉喜光喜热惧寒，天气晴朗、气温较高时，成虫活动频繁；成虫有弱趋光性，抗寒力较强。卵多产于上部叶片背面的叶脉组织内，一至二龄若虫常群集为害，三龄后迁移为害。

棉叶蝉在热带和亚热带可全年发生为害，但在长江、黄河流域棉区不能越冬。长江流域各地区发生代数差异很大，江苏南京8～10代，湖北武昌12～14代，以7月中旬至9月中旬为猖獗时期。黄河流域发生6～8代，每年迁入棉田的始见时间是6月下旬至7月上旬，为害盛期在8月上旬至9月下旬，10月上、中旬数量开始下降。如遇高温干旱繁殖量增加，为害加剧。在25℃和30℃条件下，成虫寿命分别为17d和15d，若虫期分别为10.2d和5～8d，卵期分别为9.7d和4～7d。完成1代8月为24～28d，9月为35～37d。

防治要点

①农业防治。加强田间管理，促进棉株稳长、健壮。及时清除田间及田边杂草。②化学防治。棉叶蝉防治指标为百叶虫量100头。在若虫盛发期，用10%吡虫啉可湿性粉剂或3%啶虫脒可湿性粉剂2 500倍液，或25%噻嗪酮（扑虱灵）可湿性粉剂1 000倍液，喷雾防治。

14　烟蓟马

概述

学名：*Thrips tabaci* Lindeman，属缨翅目蓟马科。别名：棉蓟马、葱蓟马。

分布于黄河流域棉区、长江流域棉区、西北内陆棉区。

为害状

为害棉苗子叶、嫩小真叶和顶尖。小叶受害后生银白色斑块（图2-31），严重时子叶枯焦萎缩。真叶被害后，发生黄色斑块，严重时枯焦破裂。未生出真叶前，顶尖受害后变成黑色并枯萎脱落，子叶变肥大，成为长不成苗的"公棉花"（即无头棉）；若真叶出现后受害，会形成"多头棉"，花、蕾严重受害时也可导致脱落。

形态特征

成虫（图2-32）体长1～1.3mm，体宽为体长的1/4，淡褐色。复眼红紫色。触角7节，黄褐色。翅淡黄色，细长，翅脉黑色。腹部圆筒形，末端较小。

卵长0.1～0.3mm，肾脏形，乳白色。

若虫（图2-32）形似成虫，淡黄色，无翅，复眼暗红色，触角6节，第四节具微毛3排。胸、腹部各节有微细褐点，点上生有粗毛。

图2-31　烟蓟马为害叶片

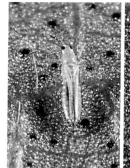
图2-32　烟蓟马
a.成虫　b.若虫

发生规律

成虫活跃善飞，可借风力作远距离飞行，对蓝光有强烈趋性。成虫多分布在棉株上半部叶上，怕阳光，白天多在叶背面取食，夜晚或阴天时才在叶面活动。雌虫可行孤雌生殖，田间见到的绝大多数是雌虫，雄虫极少。成虫多产卵于寄主背面叶肉和叶脉组织内。1头雌虫每天可产卵10～30粒。一龄若虫多在叶脉两侧取食，体小，色淡，不太活动；二龄若虫色稍深，易于辨别；二龄若虫老熟后即钻入土中蜕皮变成前蛹，几天后成伪蛹，最后羽化为成虫。

在华北地区1年发生6～10代，在长江流域及以南棉区1年发生10代以上。

以蛹、若虫或成虫在棉田土壤、枯枝烂叶里以及大葱、蓖麻、白菜、豌豆等地2cm深的土层内越冬。3～4月间在早春作物和杂草上活动，4月下旬至5月上旬陆续迁入棉田为害。黄河流域为害盛期一般在5月中旬到6月中旬，新疆为6月下旬到7月下旬。喜干旱，发生适宜温度为20～25℃，相对湿度40%～70%，春季久旱不雨，有大发生的可能。另外，凡是靠近越冬场所或附近杂草较多的棉田、土壤疏松的地块、葱棉间作或连茬的棉田，以及早播棉田，一般发生较重。早春葱、蒜上的烟蓟马是侵入棉田的虫源之一，当年3～4月这些植物上虫口较高，棉苗初出土时受害严重。

防治要点

①农业防治。秋深翻和冬灌；冬春及时清除田间及四周杂草，减少虫源；加强棉田管理，尽量不与大葱、蒜、洋葱、向日葵及瓜类邻作、轮作或间作。②化学防治。药剂处理棉种是最有效和最经济的防治方法，根据实际发生情况，一般在5月中、下旬棉花出苗后至两片真叶期进行。常用药剂有2.5%溴氰菊酯乳油、10%氯氰菊酯乳油、40%辛硫磷乳油、10%吡虫啉可湿性粉剂、48%毒死蜱乳油等。

15 花蓟马

概述

学名：*Frankliniella intonsa* Trybom，属缨翅目蓟马科。分布于黄河流域棉区、长江流域棉区、西北内陆棉区。

为害状

为害棉苗子叶、嫩小真叶和顶尖。小叶受害后生银白色斑块，严重时子叶枯焦萎缩。真叶被害后，发生黄色斑块，严重时枯焦破裂。未生出真叶前，顶尖受害后变成黑色并枯萎脱落，子叶变肥大，成为长不成苗的"公棉花"（即无头棉）；若真叶出现后受害，会形成"多头棉"，花、蕾严重受害时也可导致脱落（图2-33）。

图2-33 花蓟马为害花

形态特征

雌成虫黄褐色，雄成虫淡黄色，体长约1.3mm。触角8节，第三、四节端部有锥状感觉器，单眼间鬃长，在三角形连线内。前胸背板前有长鬃4根，一对近前角，一对近中部，每后缘角有2根长鬃。前翅淡灰色，上下脉鬃连续，上脉鬃19～22根，下脉鬃14～16根，间插缨7～8根（图2-34）。

图2-34　花蓟马成虫

卵初产时乳白色，微绿，肾形。

若虫橘黄色到淡橘红色。伪蛹长1.4mm，褐色。

发生规律

成虫羽化后2～3d开始交配产卵，全天均进行。成虫有趋花性，卵大部分产于花内植物组织中，如花瓣、花丝、花膜、花柄，一般产在花瓣上。每雌可产卵77～248粒，产卵历期长达20～50d。

在南方1年发生11～14代，在华北、西北地区发生6～8代。在20℃恒温条件下完成1代需20～25天。以成虫在枯枝落叶层、土壤表层中越冬。翌年4月中、下旬出现第一代。10月下旬、11月上旬进入越冬代。10月中旬成虫数量明显减少。花蓟马世代重叠严重。6～7月、8月至9月下旬是花蓟马为害高峰期。中温高湿利于花蓟马繁殖为害。棉豆套种、棉（油）菜套种、棉花绿肥套种，以及靠近绿肥、蚕豆、油菜田的棉田，花蓟马发生与为害重。

防治要点

同"烟蓟马"。

16　烟粉虱

概述

学名：*Bemisis tabaci* Gennadius，属同翅目粉虱科。别名棉粉虱、甘薯粉虱。分布于黄河流域棉区、长江流域棉区、西北内陆棉区。

为害状

烟粉虱成、若虫吸食棉花叶片汁液，导致棉叶正面出现成片黄斑，严重时导致棉株衰弱甚至可使植株死亡，引起蕾铃大量脱落，分泌的蜜露可诱发煤污病。同时，烟粉虱还可传播棉花曲叶病毒病。

形态特征

成虫（图2-35）体黄色，翅白色无斑点，被有白色蜡粉。雄虫体长约0.85mm，雌虫体长约0.91mm。触角7节。复眼黑红色。前翅脉1根，不分叉，静止时左右翅合拢呈屋脊状，从上往下可隐约看到腹部背面。跗节有2爪，中垫狭长如叶片。雌虫尾端尖形，雄虫呈钳状。

卵长梨形，有光泽，长×宽约0.21mm×0.1mm，有小柄，与叶面垂直，不规则散产在叶背面（少见叶正面）。卵初产时淡黄绿色，孵化前颜色加深，至深褐色。

一至三龄若虫（图2-36）椭圆形，扁平，长×宽约0.27mm×0.14mm，灰白色，稍透明，腹部透过表皮可见两个黄点。有3对足和1对触角，体周围有蜡质短毛，尾部有2长毛。在二龄、三龄时，足和触角等附肢退化消失，仅有口器。体椭圆形，腹部平，背部微隆起，淡绿色至黄色，体长分别约为0.36mm和0.5mm。拟蛹体长约0.7mm，椭圆形，后方稍收缩，淡黄白色，有黄褐色斑纹，背面显著隆起。蛹壳的背面有长刚毛1～7对或无毛，有1对尾刚毛。管状孔呈三角形，长大于宽，孔后端有小瘤状突起，孔内缘具不规则齿。盖瓣近心脏形，覆盖孔口约1/2，舌状器明显伸出于盖瓣之外，呈长匙形，末端具2根刚毛，腹沟清楚，由管状孔后通向腹末，其宽度前后相近。

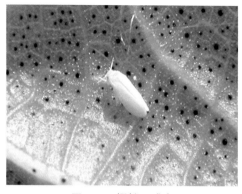

图2-35 烟粉虱成虫

图2-36 烟粉虱若虫

发生规律

成虫具有趋黄性、趋嫩性，喜群集于植株上部嫩叶背面取食和产卵。在植株上各虫态的分布有一定的规律，即最上部的嫩叶以成虫和初产卵为最多，稍下部的叶片多卵和初孵若虫，再下部为中、高龄若虫，最下部则以蛹最多。成虫寿命一般在10～22d左右，每雌虫平均产卵66～300粒。卵多产在植株上部的新鲜叶片上，若虫有3龄，淡绿色。一龄若虫较活跃，二至三龄若虫足和触角退化，固定在叶上不动。

在长江流域棉区，烟粉虱全年发生11～15代，于7月中、下旬在棉田出现，在8月下旬出现全年的最高峰，9月下旬以后种群密度迅速下降，至10月上旬田间烟粉虱成虫消失。在黄河流域棉区，烟粉虱全年发生9～11代，于6月中旬开始向棉田扩散，7月中、下旬以后，烟粉虱大量迁入棉田，分别在8月中、下旬和9月中旬达到高峰，对棉花造成的损失极大。为害一直持续到9月底10月初。在西北内陆棉区，烟粉虱1年发生6～10代，6月初迁移到田间棉花上，7月下旬至8月中旬虫口密度达到高峰，造成巨大危害，9月下旬向温室转移，进入越冬期。

防治要点

①农业防治。在保护地秋冬茬尽量避免栽植烟粉虱喜食作物，棉花苗床应远离温室，清除残株、杂草，熏杀残存成虫，控制外来虫源，尽量避免棉花与瓜菜等作物大面积插花种植，也不要在棉田内套种或在田边种植瓜菜。②保护天敌。③利用烟粉虱的趋黄性，田间放置黄色黏虫板诱杀成虫。④化学防治。烟粉虱若虫发生盛期，即当棉株上、中、下3片叶总虫量达到200头时，用1.8%阿维菌素乳油2 000～3 000倍液，或10%吡虫啉可湿性粉剂2 000倍液、或25%噻嗪酮（扑虱灵）可湿性粉剂1 000～1 500倍液，进行喷雾防治。

17 斑须蝽

概述

学名：*Dolycoris baccarum* Linnaeus，属半翅目蝽科。分布于黄河流域棉区、长江流域棉区、西北内陆棉区。

为害状

以刺吸式口器吸食植物汁液，影响植物的生长发育。

形态特征

成虫（图2-37）体长8～13.5mm，宽约6mm，椭圆形，黄褐或紫色，密被白绒毛和黑色小刻点。触角黑白相间。喙细长，紧贴于头部腹面。小盾片近三角形，末端钝而光滑，黄白色。前翅革片红褐色，膜片黄褐色，透明，超过腹部末端。胸、腹部的腹面淡褐色，散布零星小黑点，足黄褐色，腿节和胫节密布黑色刻点。

卵粒圆筒形，初产浅黄色，后灰黄色，卵壳有网纹，生白色短绒毛。卵排列整齐，成块（图2-38）。

若虫（图2-38）形态和色泽与成虫相同，略圆，腹部每节背面中央和两侧都有黑色斑。

图2-37　斑须蝽成虫

图2-38　斑须蝽卵和若虫

发生规律

成虫多将卵产在植物上部叶片正面或花蕾或果实的包片上，呈多行整齐排列。初孵若虫群集为害，二龄后扩散为害。成虫及若虫有恶臭味，均喜群集于作物幼嫩部分和穗部吸食汁液。

每年发生1～3代，以成虫在植物根际、枯枝落叶下、树皮裂缝中或屋檐底下等隐蔽处越冬。在黄河流域第一代发生于4月中旬至7月中旬，第二代发生于6月下旬至9月中旬，第三代发生于7月中旬一直到翌年6月上旬。后期世代重叠现象明显。

防治要点

①清除杂草及枯枝落叶并集中烧毁，以消灭越冬成虫。②于若虫为害期喷洒50%马拉硫磷乳油、40%乐果乳油1 500倍液，或50%敌敌畏乳油、90%敌百虫晶体800～1 000倍液，或2.5%溴氰菊酯（敌杀死）乳油、2.5%氯氟氰菊酯

（功夫）乳油、20%甲氰菊酯（灭扫利）乳油3 000倍液。

18 黄伊缘蝽

概述

学名：*Aeschyntelus chinensis* Dallas，属半翅目缘蝽科。分布于黄河流域棉区、长江流域棉区等。

为害状

被害处呈现黄褐色小点，严重时可造成叶片破损、小蕾脱落等。

形态特征

图2-39　黄伊缘蝽成虫

成虫（图2-39）体长6.5～8.5mm，长椭圆形，浅橙黄色。触角4节，红色，第一至第三节色较浅。前翅革片翅脉上散生10余个黑褐色斑点，革片前缘有1条不透明的红色狭条，其余部分半透明，浅黄色。腹背浅红色，两侧各有1列黑褐色小圆点。腹部腹面两侧各具1列黑色斑点，第三、四、五腹节前缘中央各有1黑色斑纹。

卵似肾形，横置，正面隆起，中央凹陷处两侧各有一向内弯曲的<形紫褐色纹。初产时乳白色，中期金黄色，后期黄褐色。

一龄若虫体长约1.2mm，卵形，头、胸初孵时红色，后变紫褐，腹部黄绿色，全身生有褐色绒毛。头顶中央两侧各具1枚长刺，腹部第四节背面中央有一赤黄色斑纹。五龄若虫体长4.6～4.9mm。头、胸褐色，腹部橙黄色或黄绿色。头、胸和翅芽有黑褐色颗粒状毛瘤。

发生规律

成虫和若虫喜在嫩叶、蕾、花、嫩铃上吸食汁液。5～7月在田间为害。

防治要点

在为害较重时，可结合防治其他害虫兼治。在低龄若虫期选择喷2.5%氯氟氰菊酯乳油2 000～5 000倍液，或2.5%溴氰菊酯（敌杀死）乳油2 000倍液、

10%吡虫啉可湿性粉剂1 500倍液。

19 扶桑绵粉蚧

概述

学名：*Phenacoccus solenopsis* Tinsley，属同翅目粉蚧科。分布于浙江、福建、江西、湖南、广东、广西、海南、四川、云南等地。

为害状

主要为害棉花和其他植物的幼嫩部位，包括嫩枝、叶片、花芽和叶柄，以雌成虫和若虫吸食汁液。受害棉株长势衰弱，生长缓慢或停止，失水干枯，也可造成花蕾、花、幼铃脱落；分泌的蜜露诱发的煤污病可导致叶片脱落。

形态特征

完成一个世代需经过卵、若虫、预蛹、蛹和成虫5个虫态。成虫、若虫活体通常淡黄色至橘黄色，背部有一系列黑色斑，全背有微小刚毛分布，体表被白色蜡质分泌物覆盖（图2-40）。虫体椭圆形，雌成虫长3.0～4.2mm，宽2.0～3.1mm。若虫分3个龄期：一龄若虫长710～730μm，宽359～380μm；二龄若虫长0.75～1.1mm，宽0.36～

图2-40　扶桑绵粉蚧成虫和若虫

0.65mm；三龄若虫长1.02～1.73mm，宽0.82～1.00mm。预蛹和蛹非常小，预蛹总长1.35～1.38mm，腹部前端宽525～550μm；蛹总长1.43～1.48mm，腹部前端宽475～500μm。卵产在白色棉絮状的卵囊里，刚产下的卵橘色，孵化前变粉红色。

发生规律

寄主植物100多种，主要有：棉花、扶桑、向日葵、南瓜、茄、番茄、龙葵等。多营孤雌生殖，卵产在卵囊内，每卵囊有卵150～600粒，且多数孵化为雌虫。卵期很短，经3～9d孵化为若虫，若虫期22～25d，属于卵胎生。一龄若虫活泼，从卵囊爬出后短时间内即可取食为害。正常情况下，25～30d1代，1年可发生12～15代。雌雄个体生活史不尽相同，雌性虫态包括卵、一龄若虫、

二龄若虫、三龄若虫与成虫，而雄性依次有卵、一龄若虫、二龄若虫、预蛹、蛹和成虫。在冷凉地区，以卵或其他虫态在植物或土壤中越冬；热带地区终年繁殖。扶桑绵粉蚧繁殖量大，种群增长迅速，世代重叠严重。

一龄若虫从被害株爬到健康植株，随风、水、动物、人、器械携带扩散，可以随灌水传播。长距离主要随棉花秸秆或种子传播，雌成虫附着在寄主植物上，可以产卵再孵出若虫。远距离传播扩散的主要载体包括寄主植株、茎、叶等。

防治要点

①加强植物检疫。②农业防治：清洁田园、冬耕冬灌、加强栽培管理。③化学防治。要抓住最佳时期，适时、准确、合理用药，尽量选择低龄若虫高峰期进行。防治可选用40%氧乐果乳油和48%毒死蜱乳油等药剂，用量为稀释1 000倍为佳，持效期可达15d以上，且速效性也较好。

20 棉铃虫

概述

学名：*Helicoverpa armigera* Hübner，属鳞翅目夜蛾科。分布于黄河流域棉区、长江流域棉区、西北内陆棉区。

为害状

以幼虫钻蛀蕾铃为害。被害蕾蛀孔较大，虫粪排出蕾外，蕾苞叶张开，变为黄绿色而脱落（图2-41）。为害花，从子房基部蛀入，被害花往往不能结铃。为害铃，从铃基部蛀入，取食一至数室，虫体大半露在铃外，虫粪也排出铃外（图2-42）。幼虫常转移为害，被取食的青铃往往仅留铃壳，或引起其他各室腐烂或造成僵瓣。

图2-41 棉铃虫为害蕾　　　　　　　图2-42 棉铃虫为害铃

形态特征

成虫（图2-43）体长15～20mm，翅展27～38mm。前翅颜色变化较多，雌蛾前翅赤褐色或黄褐色，雄蛾多为灰绿色或青灰色。内横线不明显，中横线很斜，末端达翅后缘，位于环状纹的正下方；亚外缘线波形幅度较小，与外横线之间呈褐色宽带，带内有清晰的白点8个，外缘有7个红褐色小点，排列于翅脉间。肾状纹和环状纹暗褐色，雄蛾的较明显。后翅灰白色，翅脉褐色，中室末端有一褐色斜纹，外缘有1条茶褐色宽带纹，带纹中有两个月牙形白斑。雄蛾腹末抱握器毛丛呈"一"字形。

卵（图2-44）近半球形，高0.51～0.55mm，宽0.44～0.48mm，顶部稍隆起。初产黄白色或翠绿色，近孵化时变为红褐色或紫褐色。

幼虫可分为5～7个龄期，多数为6个龄期。末龄幼虫体长35～45mm，各节上均有毛片12个。体色变化较大。

蛹体长17～20mm，纺锤形，第五至七腹节前缘密布比体色略深的刻点。气门较大，围孔片呈筒状突出。尾端有臀棘两枚。初蛹为灰绿色、绿褐色或褐色；复眼淡红色。近羽化时呈深褐色，有光泽，复眼褐红色。

图2-43　棉铃虫成虫

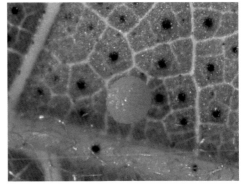

图2-44　棉铃虫卵

发生规律

成虫飞翔力较强，主要在夜间活动，产卵部位随寄主种类不同而异。成虫繁殖的最适温度是25～30℃。幼虫经常在一个部位取食少许即转移到他处，常随虫龄增长，由上而下从嫩叶到蕾、铃依次转移为害。一、二龄幼虫为害较轻，三龄后进入暴食阶段。幼虫老熟后吐丝坠地入土做室化蛹。

棉铃虫全年发生代数由北向南逐渐增多，西北内陆棉区1年发生3代，黄河流域棉区大部分为4代，长江流域棉区大部分为5代。黄河流域棉区以滞育蛹越

冬，4月中、下旬始见成虫，一代幼虫为害盛期为5月中、下旬，5月末大量入土化蛹。一代成虫始见于6月上旬末至6月中旬初，盛发于6月中、下旬，主要为害棉花。幼虫为害盛期在6月下旬至7月上旬。二代成虫始见于7月上旬末至中旬，盛发于中、下旬。三代幼虫主要为害棉花、玉米等，始见于8月上、中旬，发生期延续的时间长。四代幼虫继续为害。长江流域棉区四代成虫始见于9月上、中旬，以五代滞育蛹越冬。在新疆，越冬蛹5月开始羽化，一代成虫产卵高峰期南疆在6月上旬，北疆在6月中旬；二代产卵高峰期南疆在7月上、中旬，北疆在7月中旬；三代产卵高峰均在8月。棉铃虫的天敌种类很多，对卵和幼虫都有抑制作用。

防治要点

①农业防治。种植通过审定的转基因抗虫棉品种。②物理防治。棉铃虫成虫具有明显的趋光性，可利用黑光灯、频振式杀虫灯诱杀成虫。有条件的地区，可在棉田内插萎蔫的杨树枝把诱杀成虫。③化学防治。Bt抗虫棉田可根据幼虫发生量确定防治指标，长江流域棉区为二代百株低龄幼虫15头，三、四代8～10头；黄河流域棉区为二代百株低龄幼虫20头，三代15头。在棉铃虫卵期和初孵幼虫高峰期可喷施对棉铃虫防效较高的药剂，如0.5%甲氨基阿维菌素苯甲酸盐微乳剂1 000～1 500倍液、15%茚虫威悬浮剂每公顷8.8～17.6mL、10%虫螨腈（除尽、溴虫腈）悬浮剂每公顷30～40mL、20%氯虫苯甲酰胺（康宽）悬浮剂每公顷8～15mL、25%多杀菌素（多杀霉素）悬浮剂每公顷80～100mL等。注意交替用药和轮换用药，施药后遇雨要及时补喷。

21 红铃虫

概述

学名：*Pectinophora gossypiella* Saunders，属鳞翅目麦蛾科。分布于长江流域棉区等。

为害状

初孵幼虫常从蕾顶钻入，蛀孔黑褐色，如针尖大小，在蕾内蛀食花蕊，使较小的蕾不能开花而脱落。较大的蕾被害后，虽可开花，但花冠发育不良，形成"虫花"（图2-45），花瓣被虫吐丝粘连，不能正常开放。也可钻

图2-45　红铃虫为害花

入青铃，蛀孔小而圆，针头大，刚钻入后外部有黄色粪粒。大部分幼虫从棉铃基部钻入，在铃壳与内壁间为害，致使铃壳内壁上造成水青色或黄褐色的痕纹，叫"虫道"。然后钻入棉铃内，在铃壳内壁上形成不规则的突起，叫"虫瘤"。被害棉铃如遇多雨遭病菌侵入，易引起烂铃，若雨水少，则造成虫僵花。

形态特征

成虫（图2-46）体长6.5mm，翅展12mm，是一种黑色的小蛾。头细小，下唇须镰刀状，棕红色，向上弯曲超过头顶。触角棕色，鞭形，共有38节，每节窄处有1条黑环。前翅尖叶状，翅背面棕黑色，有4条不规则的黑褐色横带，并散生黑褐色斑，翅腹面灰白色，缘毛甚长，淡灰色。后翅菜刀状，银灰色，缘毛长，灰白色。胸部灰黑色。腹部背面淡褐色，腹面灰色。雄蛾有翅缰1根，雌蛾有3根翅缰。雄蛾尾部生有丛毛，从尾部直视丛毛呈钳状，圆孔小，不明显。雌蛾尾部也有丛毛，但排列整齐均匀，圆孔较大，清晰，上方稍有缺口，是鉴别雌雄蛾的特征之一。

卵长0.4 ~ 0.6mm，宽0.2 ~ 0.3mm，形似大米。初产时乳白色，有光泽，继而变为淡黄色，快孵化时变淡红色，一端有小黑点，即幼虫的头部，卵表面有花生壳状突起。

幼虫（图2-47）共4龄。初孵化时的一龄幼虫有时稍带淡红色，长不足1mm，体毛清楚可见。二龄体长约3mm，三龄体长6 ~ 8mm，体色多为乳白色，四龄开始出现红斑。老熟幼虫体长11 ~ 13mm，润红色，头部棕褐色，前胸盾片和臀板棕黑色。在前胸盾片中央，有一淡黄色纵线，两侧各有1个黄色下凹的肾状斑点，为此虫的明显特征。各节背面有淡黑色斑点4个，两侧也各有黑色斑点1个，各斑点的周围为红色晕圈，很明显，远看周身全为红色。雄性幼虫在腹部背面第七、八节之间体内有1对肾状的黑斑。

图2-46　红铃虫成虫　　　　　　　图2-47　红铃虫幼虫

蛹长6～8mm，宽约4mm，长椭圆形。初化蛹时为润红色，以后变为淡黄色以至黄褐色，有金属光泽，将近羽化时呈黑褐色。体表被有淡黄色短绒毛，尾端尖形。肛门大，周缘着生褐色小钩状刚毛，每边5～6根，臀刺周围有相似的刚毛8根。生殖孔位于第八腹节之腹面成一细缝，位于第八腹节上端者为雌蛹，位于下端者为雄蛹。

发生规律

二代产卵在青铃萼片与铃壳间、果枝等处。第三代卵集中产在中、上部青铃上。红铃虫越冬处所比较集中，从籽花里爬出潜入棉花仓库里越冬的幼虫约占80％，棉籽里约占15％，枯铃里约占5％。

长江流域棉区1年发生3～4代。长江流域棉区越冬代成虫羽化高峰一般在6月下旬至7月上旬。第一代产卵高峰在7月上、中旬，第一代成虫在7月下旬到8月初进入发生高峰，第二代幼虫主要取食棉铃，成虫在8月底到9月上、中旬进入高峰。第三代卵于9月上、中旬产于棉株中、上部的棉铃上，越冬幼虫最早于8月底左右出现，这些是属于第二代的少数幼虫。9月中旬以后大部分进入滞育状态越冬。

防治要点

①农业防治。种植通过审定的转基因抗虫棉。②化学防治。每公顷用2.5%溴氰菊酯乳油375～450mL，加40%辛硫磷乳油750mL，对水50～70L，或每公顷用2.5%高效氯氟氰菊酯水乳剂450～600mL，加48%毒死蜱乳油750mL，对水50～70L喷雾灭虫。

22 斜纹夜蛾

概述

学名：*Prodenia litura* Fabricius，属鳞翅目夜蛾科。分布于黄河流域棉区、长江流域棉区等。

为害状

一至二龄幼虫群集叶背啃食，只留下上表皮，被害叶枯黄，极易在棉田中发现。三龄幼虫开始分散为

图2-48　斜纹夜蛾田间为害状

害，啃食棉叶、花蕾和花朵。幼虫在铃上蛀洞，铃内纤维被吃空，同时蛀孔周围有很多虫粪，容易引起病菌侵入，造成棉铃腐烂，影响产量和质量（图2-48）。

形态特征

成虫体长16～21mm，翅展37～42mm，体灰褐色。前翅黄褐至淡黑褐色，多斑纹，从前缘中部到后缘有一向外倾斜的灰白色宽带状斜纹（雄蛾斜纹较粗）。后翅无色，仅翅脉及外缘暗褐色。

卵馒头形，直径约0.5mm，表面有纵横脊纹，黄白色，近孵化时暗灰色。卵粒常三、四层重叠成块。卵块椭圆形，上覆黄褐色绒毛（图2-49）。

幼虫（图2-50）体色因龄期、食料、季节而变化。初孵幼虫绿色，二至三龄时黄绿色，老熟时多数黑褐色，少数灰绿色。背线和亚背线橘黄色，沿亚背线上缘每节两侧各有一个半月形黑斑，其中以第一、七、八节的最大，在中、后胸半月形黑斑的下方有橘黄色圆点。老熟幼虫体长38～51mm。

蛹长18～20mm，圆筒形，赤褐色，气门黑褐色。腹部第四至七节前缘密布圆形刻点，末端有臀棘1对。

图2-49 斜纹夜蛾卵块和初孵幼虫

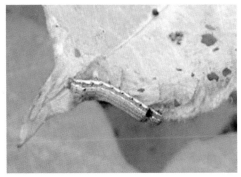

图2-50 斜纹夜蛾幼虫

发生规律

成虫白天不活动，躲藏于植株茂密的叶丛中或土缝下及其他隐蔽场所，黄昏后开始飞翔取食。各世代成虫产卵量、产卵历期随季节环境条件而不同，一般每雌可产卵8～17块，1 000～2 000粒。卵块外有驼色绒毛，卵多产于高大茂密浓绿的作物上，多在叶片背面。成虫对糖、酒、醋及发酵的胡萝卜、豆饼等有很强的趋性，对黑光灯趋性较强。幼虫一般可分为6个龄期，一至二龄幼虫群集

叶背取食，三龄幼虫开始分散为害，从五龄开始进入暴食阶段，幼虫老熟后入土造蛹室化蛹，一般在土下3～7cm处。

在我国，该虫由北到南1年可发生4～9代，世代重叠，无滞育现象。黄河流域棉区1年发生4～5代，长江流域棉区1年发生5～6代，云南、广东、福建、台湾等地，终年均可发生。以长江流域各省份和河南、河北、山东等发生较重。每年7～10月为盛发期，长江流域多在7～8月大发生，黄河流域则以8～9月为重。以蛹和少量老熟幼虫在地下越冬。在夏秋季气候干燥、气温偏高、少暴雨的条件下，斜纹夜蛾常猖獗发生。由于取食十字花科和水生蔬菜的斜纹夜蛾发育快，存活率、繁殖率高，靠近菜地的花生和棉田往往受害严重。

防治要点

①农业防治。卵盛发期，晴天9时前或16时后迎着阳光人工摘除卵块或初孵"虫窝"，简便易行。②化学防治。药剂防治幼虫必须掌握在未进入暴食期的三龄以前，消灭于未扩散的点片阶段。常用的药剂和用量为4.5%高效氯氰菊酯乳油1 500～2 000倍液、10%虫螨腈悬浮剂1 500～2 000倍液、20%虫酰肼可湿性粉剂2 500～3 000倍液、2.5%多杀菌素悬浮剂1 000倍液、40%毒死蜱乳油4 000倍液等，生产中可根据需要轮换选择使用。

23 甜菜夜蛾

概述

学名：*Spodotera exigua* Hübner，属鳞翅目夜蛾科。分布于黄河流域棉区、长江流域棉区等。

为害状

幼虫啃食棉叶成孔洞或缺刻，严重发生时也为害棉蕾、棉铃和幼茎。

形态特征

成虫（图2-51）体长8～10mm，翅展19～25mm，灰褐色，头、胸有黑点。前翅中央近前缘外方有一肾形斑，内侧有一土红色圆形斑。后翅银白色，翅脉及缘线黑褐色。

图2-51 甜菜夜蛾成虫

卵圆球形，白色，成块产于叶面或叶背，每块8～100粒不等，排为1～3层，因外面覆有雌蛾脱落的白色绒毛，不能直接看到卵粒。

幼虫（图2-52、图2-53）共5龄，少数6龄，末龄幼虫体长约22mm，体色变化很大，有绿色、暗绿色、黄褐色、褐色至黑褐色，背线有或无，颜色各异。腹部气门下线为明显的黄白色纵带，有时带粉红色，直达腹部末端，不弯到臀足上，是区别于甘蓝夜蛾的重要特征，各节气门后上方具一明显白点。

蛹长10mm，黄褐色，中胸气门外突。

图2-52　甜菜夜蛾低龄幼虫

图2-53　甜菜夜蛾末龄幼虫

发生规律

成虫白天隐藏在杂草、土缝等阴暗处，受惊后可短距离飞行，20：00～23：00活动最盛，此时取食、交尾、产卵。对黑光灯有强趋性。卵多产在植物叶背面或叶柄部，每雌产卵100～600粒。一至二龄常群集叶片上为害，三龄开始分散为害。幼虫有假死性，稍受惊扰，大多即卷成C形，滚落地面。幼虫畏强光，故常早晚为害。老熟幼虫在土层内筑土室化蛹，土层坚硬时，可在土表植物落叶下化蛹。

甜菜夜蛾在长江流域1年发生5～6代，第一代高峰期为5月上旬至6月下旬，第二代高峰期为6月上、中旬至7月中旬，第三代高峰期为7月中旬至8月下旬，第四代高峰期为8月上旬至9月中、下旬，第五代高峰期为8月下旬至10月中旬，第六代高峰期为9月下旬至11月下旬，第七代发生在11月上、中旬，该代为不完全世代。一般情况下，从第三代开始出现世代重叠现象。

防治要点

①农业防治。秋末冬初耕翻可消灭部分越冬蛹。春季3～4月除草，消灭杂草上的低龄幼虫。结合田间管理，摘除叶背面卵块和低龄幼虫团，集中消灭。②化学防治。一至三龄幼虫高峰期，用20%灭幼脲悬浮剂800倍液，或5%氟铃

脲乳油或5%氟虫脲可分散粒剂3 000倍液喷雾。甜菜夜蛾幼虫晴天18：00后向植株上部迁移，因此，应在傍晚喷药防治，注意叶面、叶背均匀喷雾，使药液能直接喷到虫体及其为害部位。

24 棉小造桥虫

概述

学名：*Anomis flava* Fabricius，属鳞翅目夜蛾科。分布于黄河流域棉区、长江流域棉区。

为害状

幼虫啃食棉叶、蕾、花和幼铃。

形态特征

成虫体长约10 ～ 12mm，翅展约23 ～ 25mm。头胸部黄色，腹部灰黄色。前翅内半部淡黄色，布满红褐色细点，有4条横的波状纹，翅外缘约1/3为灰褐色，近前缘中部，有一椭圆形白斑。后翅灰黄色，翅脉褐色。雌蛾体色较淡。触角丝状。

卵扁圆形，直径约0.6mm，青绿色，顶端有环状隆起线，有很多纵棱和横格。

三龄幼虫体长10 ～ 12mm，老熟幼虫（图2-54）体长约35mm，体灰绿色或青黄色，各节有褐色刺毛，胸足3对，腹足3对，尾足1对。

蛹纺锤形，体长约12mm，有并列臀棘2对，内方两根较长而且向腹部弯曲，外方两根较短而直。

发生规律

初孵幼虫喜爬行，行走时似拱桥状，有吐丝下垂习性，常随风飘移转株为害。一至二龄幼虫主要为害中下部叶片，三至四龄转移到棉株上部为害。成虫有较强的趋光性，对杨树枝把也有趋性。每头雌蛾可产卵200 ～ 1 000粒。

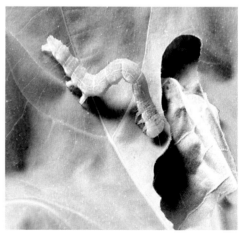

图2-54　棉小造桥虫幼虫

卵散产，大多产于棉株中、下部叶片的背面。棉田内老熟幼虫常在蕾铃苞叶间吐丝化蛹。

棉小造桥虫在黄河流域棉区1年发生3～4代，主要在8～9月为害，长江流域棉区1年发生4～6代，在7～8月为害。主要以老熟幼虫在寄主或棉柴堆向阳处吐丝作茧化蛹越冬。第二至五代均为害棉花。7～9月雨水多，有利于棉小造桥虫发生。

防治要点

①农业防治。拔棉柴后应清除枯枝落叶，集中烧毁，可杀灭越冬蛹。结合整枝、打杈，摘除下部老叶并带出田外，可杀灭部分幼虫。②化学防治。孵化盛期末至三龄盛期，当百株虫量达到100头时，用40%辛硫磷乳油1 000倍液，或2.5%溴氰菊酯乳油1 500～2 000倍液，均匀喷雾防治。

25 棉大造桥虫

概述

学名：*Ascotis selenaria* Schiff et Denis，属鳞翅目尺蛾科。分布于黄河流域棉区、长江流域棉区。

为害状

同"棉小造桥虫"。幼虫啃食棉叶、蕾、花和幼铃。

形态特征

雌蛾体长16mm，翅展45mm，雄蛾体长15mm，翅展38mm，全体为暗灰色，遍布黑褐色或淡黄色小鳞片。触角细长，雄蛾羽状，雌蛾鞭状。前翅暗灰色，中央有半月形白斑，外缘有7～8个半月形黑斑互相连接。后翅花纹大致与前翅相同，但颜色稍淡。

卵长椭圆形，长0.7mm，宽0.4mm，青绿色，上有深黑色或灰黄色纹，卵壳表面有小凸粒。

老龄幼虫（图2-55）体长40mm，

图2-55 棉大造桥虫幼虫

头黄褐色，体圆筒形，体表光滑，黄绿色，两侧密生小黄点。背线淡青色，亚背线黑色，气门线黄褐色，气门下线深黑褐色。有胸足3对，腹足1对，着生于第六腹节，尾足1对。

蛹体长14mm，宽5mm，深褐色，头部细小，触角长达腹部第三节。尾端尖，有刺1对。

发生规律

初孵幼虫能吐丝随风飘移，幼虫期行走似拱桥形，行动不甚活泼，常伪装成嫩枝状。成虫羽化后1～3d交尾，1～2d后产卵；卵散产在土缝处或土面，也可产在屋檐瓦缝或柴草上；卵壳厚而坚韧，对潮湿抵抗力极强，可借流水传播蔓延。每头雌蛾可产卵200～1 000多粒。

在长江流域棉区1年发生4～5代，每世代历期约40d，末代幼虫10月上旬开始入土化蛹越冬，第二年3月中、下旬开始羽化，第一代主要为害豆类，第二代为害棉花，第三代由于气温炎热干燥发生不太严重，第四代一般在棉田内发生量增加。棉花、大豆间作的棉田发生重。

防治要点

同"棉小造桥虫"。

26 棉大卷叶螟

概述

学名：*Syllepte derogate* Fabricius，属鳞翅目螟蛾科。别名：棉卷叶螟、棉大卷叶虫、包叶虫、棉野螟蛾、棉卷叶野螟。分布于黄河流域棉区、长江流域棉区。

为害状

低龄幼虫一般卷曲叶片一角或直接潜伏于高龄幼虫为害过的卷筒叶片内取食，高龄时卷曲整张叶片呈喇叭状或几张叶片缀合成虫苞，幼虫潜伏于卷叶内取食为害。在食源充足时棉大卷叶螟幼虫常不吃光叶片即转移，食源匮乏或虫量较大时整株叶片被卷曲，大发生时叶片被全部被食光（图2-56）。

图2-56　棉大卷叶螟田间为害状

形态特征

成虫体长 10 ～ 14mm，翅展约 30mm，全体淡黄色，有光亮，触角鞭状，淡黄色、细长。全身花纹深褐色。前翅近基部有似"OR"形纹。后翅有褐色波状纹，中室处有环状纹。胸部背面有 12 个褐色点，成 4 行排列，腹节前缘有褐色带，雄虫腹部末端有 1 个深褐色点。

卵椭圆形略扁，长约 0.12mm，宽约 0.09mm，初产时乳白色，后变淡绿色，孵化前呈灰色。

老熟幼虫体长约 25mm，宽约5mm。全身青绿色，体壁透明，头赤褐色，上有不规则暗色斑纹，前胸背板深褐色。越冬期老熟幼虫为桃红色（图2-57）。

图2-57　棉大卷叶螟幼虫

蛹体长约 12 ～ 13mm，细长，纺锤形，初化蛹时淡绿色，后变红褐色，腹部末端有刺状突起。

发生规律

成虫多在 22：00 至翌晨 7：00 羽化，活动时间主要在 19：00 至翌晨 2：00。成虫不同世代、同世代不同雌虫产卵量差异较大，从 73 粒到 638 粒不等。卵主要分布于叶片主脉两侧，单个散产或多个排列呈条状。低龄幼虫喜群集为害，三龄以后一般一张卷叶内仅留 1 头幼虫，且喜转移为害。五龄幼虫进入老熟时取食渐停止。化蛹前吐丝粘合叶片成一蛹室，化蛹持续时间一般 2 ～ 4d。

以老熟幼虫主要在棉田落铃落叶、杂草或枯枝树皮缝隙中做茧越冬。长江流域棉区越冬幼虫于 4 ～ 5 月化蛹变蛾。湖南第一代蛾在 4 月下旬开始羽化，盛期在 4 月底到 5 月初，末期为 5 月中旬；第二代蛾发生期为 6 月上、中旬到 7 月初，第三代蛾发生期在 7 月上旬到 7 月下旬，第四代蛾发生期在 7 月底到 8 月下旬，第五代蛾发生期在 9 月初到 9 月下旬，10 月上、中旬尚有少数第六代羽化。平均气温下降到 16℃时开始越冬。

防治要点

①农业防治。棉田秋耕冬灌，清除枯枝落叶，铲除田间和田边杂草，结合农事操作，人工摘除被幼虫卷起的棉叶，集中销毁，或在田间直接拍杀幼虫。②化学防治。在幼虫初孵聚集为害尚未卷叶时，用 90% 敌百虫晶体 800 ～ 1 000 倍液，或 40% 辛硫磷乳油 1 000 倍液、0.3% 苦参碱水剂 1 000 ～ 1 500 倍液喷雾。

27 亚洲玉米螟

概述

学名：*Ostrinia furnacalis* Guenée，属鳞翅目螟蛾科。分布于长江流域棉区等。

为害状

幼虫从棉株嫩头下或上部叶片的叶柄基部或赘芽处蛀入（图2-58），使嫩头和叶片凋萎。叶片枯死后幼虫向主茎蛀食，蛀入孔处有蛀屑和虫粪堆积，蛀孔以上的枝叶逐渐枯萎，易折断；或从青铃基部蛀入，蛀孔外有大量潮湿的虫粪，引起棉铃腐烂，造成严重损失。

图2-58　亚洲玉米螟为害状

形态特征

雄成虫体长10～14mm，翅展20～26mm，黄褐色。前翅底色淡黄，内、外横线锯齿状间有2个小褐斑。外缘线与外横线间有1条宽大褐色带。环纹为一暗褐色斑点，肾纹呈暗褐色短棒状，两斑之间有一黄色斑。后翅淡褐色，中部亦有2条横线与前翅的内、外线相接。雌虫较肥大，体长13～15mm，翅展25～34mm，前后翅颜色比雄虫淡，内、外横线及斑纹不明显，后翅黄白色线纹常不明显。

卵长约1mm，宽约0.8mm。短椭圆形或卵形，扁平，略有光泽，一般20～60粒黏在一起形成不规则的鱼鳞状卵块。初产时为乳白色，后转为黄白色、半透明，临孵化前卵粒中央呈现黑点（为幼虫的头壳），边缘仍为乳白色，称为"黑点卵块"。如果被赤眼蜂寄生，则整个卵块为漆黑色。

初孵幼虫长约1.5mm，头壳黑色，体乳白色，半透明。老熟幼虫（图2-59）体长约25mm，头壳深棕色，体淡灰褐色或红褐色，有纵线3条，以背线较明显。中、后胸背面各具4个圆形毛瘤，腹部一至八节背面各有2列横排的毛瘤，前列4个，后列2个，前大后小。第九腹节具毛瘤3个，中央一个较大。腹足趾钩上环的缺口很小。

蛹长15～18mm，纺锤形，黄褐色至红褐色。腹部背面一至七节有横皱纹，三至七节具一横列褐色小齿，五、六腹节有腹足遗迹1对。臀棘黑褐色，端部有5～8根向上弯曲的钩刺，缠连于丝线上，黏附于虫道蛹室内壁。化蛹于寄主茎内，有薄茧。雄蛹瘦削，尾端较尖，生殖孔开口于第九腹节腹面；雌蛹腹部较肥大，尾端较钝圆，生殖孔开口于第八腹节腹面。

图2-59 亚洲玉米螟幼虫

发生规律

成虫羽化后第二天就进行交尾，每雌产卵14～25块，548～610粒。卵一般20～60粒黏在一起形成不规则的鱼鳞状卵块。卵历期3～5d。亚洲玉米螟对不同寄主的趋性有明显差别。在玉米、棉花并存的情况下，玉米心叶期的落卵量明显高于棉花。在纯棉田，嫩绿的棉苗受害程度比老健的棉苗重。

亚洲玉米螟在我国自北向南每年可发生1～7代。以老熟幼虫在寄主植物的秸秆、穗轴、根茬中越冬。北方棉区1年发生2代，老熟幼虫在玉米秸秆内越冬。长江流域棉区1年发生3～4代，以老熟幼虫在晚玉米的秆或其他寄主的茎秆内越冬，5月上旬化蛹，5月底6月初羽化。第一代幼虫主要为害春玉米，以后各代成虫的盛发期分别为7月中旬，8月上、中旬和9月上旬。第二代开始为害棉花。产卵于棉株中、下部叶片背面。玉米螟数量消长与气候有密切关系，其中以雨量和温度的作用最重要，天气干燥、温度太低和雨水过多、湿度太大，都对玉米螟的发生有抑制作用，而温度在25～30℃，平均相对湿度在60%以上时，有利于玉米螟的大发生。

防治要点

①农业防治。3月底前彻底清除棉柴、玉米和高粱秸秆及穗残体，压低越冬基数。②化学防治。卵孵化初期至盛期，用25%灭幼脲悬浮剂600倍液，或40%辛硫磷乳油1 500倍液、48%毒死蜱乳油1 500倍液喷雾防治，将害虫控制在钻蛀棉株或棉铃前。

28 鼎点金刚钻

概述

学名：*Earias cupreoviridis* Walker，属鳞翅目夜蛾科。分布于长江流域棉区等。

为害状

幼虫一生可蛀食为害20多个花蕾。幼铃被害后虽不脱落，但因纤维被破坏而降低了产量和品质，且许多病菌易从蛀孔侵入而造成烂铃。鼎点金刚钻的蛀孔多位于蕾铃基部，一般要比红铃虫的蛀孔大，又比棉铃虫、玉米螟的蛀孔小，在蛀孔的四周堆集有黑色虫粪，这是识别其为害的主要特征。

形态特征

成虫体长8～10mm，翅展18～23mm。头青白色或青黄色，触角褐色，下唇

图2-60 鼎点金刚钻成虫

须红褐色，足灰褐色或带白色，前、中足的跗节、胫节深褐或粉红色，腹部白色间有褐色。前翅桨状，大部绿色或黄绿色；前缘从基部至中部为红褐色，后部为橘黄色；外缘有2条波状纹，外纹暗褐色而宽，内纹橙黄色；中室处黄褐色，上有2个深褐色小点，前缘与中室之间也有一褐色小点，这3个小斑点呈鼎足状分布，为鼎点金刚钻重要识别特征。后翅三角形，银白色，微透明，外缘附近及顶角后方略呈浅褐色（图2-60）。

卵鱼篓状，顶有指状突起，表面有纵棱25～32条，分长短两种，底部平，直径0.4mm，高0.32mm。初产淡绿色，有光泽，近孵化时为棕黑色。

幼虫粗短，通体浅灰绿色间有黄斑，老熟幼虫体长10～15mm，宽约4mm，中部略肥大而呈纺锤形。头部黄褐色，有不规则褐斑，颅侧区上部有几个黑色突起，额片1/3处褐色，其余黄褐色。腹部第二至十二节各有6个发达的毛突，尖端各生一黄褐色刚毛；毛突横向排列，背面两个最大，色泽不一（第三至五节为黑色，其余灰白色）；在背面两个毛突之间每节有6个黑点，其余毛突之间各有1个橙或黑色点。背线褐色，亚背线与气门线不明显。前胸盾板及臀板黑褐色。唇基乳白色，下方微暗。

蛹粗短，长7.5～9.5mm，宽4mm，初为绿色，后腹面黄色、背中央黄褐色。背面中央有粗糙网纹。腹部第五节两侧有2～3排小突刺，腹末节较圆，肛门侧面有角状突起3～4个。

发生规律

成虫昼伏夜出，有趋光性。主要产卵于棉株顶部嫩叶上（蕾期）以及顶

心、果枝顶端（花铃期），产卵历期一般3～9d。幼虫一般5个龄期，每个龄期2～3d。初孵幼虫主要取食棉花嫩头、嫩叶，稍大即蛀食花、蕾和幼铃。幼虫可吐丝下垂转移危害，尤以三龄前转移频繁，取食量虽小，但破坏性很大，三龄以后的活动范围较小，食量大，但破坏性反而小。幼虫老熟后，有爬行选择化蛹场所的习性。在棉株上危害的幼虫，老熟后多选择蕾、铃、苞叶内化蛹，也有少数在棉叶背面和烂铃缝隙间化蛹。

在长江流域棉区1年发生5～6代。以蛹在土中越冬。黄河流域棉区每年有3～4个高峰，分别在6月上旬、7月上旬、8月上旬、9月上旬，其中尤以7～8月危害较重。雨水均匀，雨量适中，对鼎点金刚钻发生有利，大雨则对成虫产卵和初孵幼虫生存不利。发育最适温度为25～27℃，相对湿度80%以上。早播、早发或贪青晚熟的棉田，常常被害重。

防治要点

①农业防治。及时打顶、抹赘芽、去除无效花蕾，可直接消灭部分卵和低龄幼虫。利用成虫喜在锦葵、蜀葵上产卵的习性，在棉田周边种植诱集植物，引诱成虫产卵后集中杀灭。②化学防治。当百株有卵20粒或嫩头受害率达3%时，每667m² 可选用40%辛硫磷乳油、48%毒死蜱乳油或0.3%苦参碱水剂1 000倍液喷雾；或每667m²用80%敌敌畏乳油80mL，对水2L，拌细土20kg，于傍晚撒在已封行的棉田中，毒杀该虫。

29 棉蝗

概述

学名：*Chondracris rosea*（De Geer），属直翅目蝗总科。分布于黄河流域棉区、长江流域棉区等。

为害状

以成虫、若虫食叶，造成缺刻或孔洞。

形态特征

雌成虫体长60～81mm，雄虫45～57mm，体色青绿带黄。头短而宽，头顶钝圆，无中缝线。触角丝状，

图2-61　棉蝗成虫

24节。前胸背板中隆线较高，板面粗糙，有3条横沟，均割断中隆线。前翅发达透明，翅基部红色。后足胫节红色，沿外缘和内缘各具刺8根和11根，刺的端部黑色。第一跗节较长（图2-61）。

卵长椭圆形，长6～7mm，中间稍弯曲。初产时黄白色，数日后变成黄褐色。卵块长圆柱状，长40～80mm，外黏有一层薄纱状物，卵粒不规则形堆积于卵块的下半部，其上部为产卵后排出的乳白色泡状物覆盖。

若虫6龄，极少数雌性7龄。各龄体色无明显变化。

发生规律

有多次交尾的习性。产卵时选择在沙质较坚实的幼林地、阳光充足的疏林地，或在沙质道路边。每雌可产1～2块，每卵块中有卵107～151粒。二、三龄前幼蝻食量小，三龄后食量逐渐增大，以五龄至成虫交尾前食量最大。取食时，先将叶片咬成小孔，后咬成缺刻。三至七龄，食量渐增，可将整片叶吃光，或只留叶脉。虫体随着龄期的增加而增大，跳跃能力增强，活动范围扩大。二龄前蝗蝻群集取食，数百头乃至成千头聚集取食，三、四龄后开始分散活动。羽化后的棉蝗能够较远地迁移，为害更高大的植物，并能异地为害。成虫一般在寄主上生活70～80d。

河南年发生1代，以卵在土中越冬。翌年越冬卵于5月下旬孵化，6月上旬进入盛期。7月中旬为成虫羽化盛期，9月后成虫开始产卵越冬。

防治要点

初孵蝗蝻在田埂、渠堰集中为害双子叶杂草，且扩散能力极弱时，每公顷喷撒敌·马粉剂22.5～30kg，也可用20%氰戊菊酯乳油300mL，对水600kg喷雾，还可选用：溴氰菊酯、高效氯氰菊酯等药剂。

30 美洲斑潜蝇

概述

学名：*Liriomyza sativae* Blanchard，属双翅目潜蝇科。分布于黄河流域棉区、长江流域棉区、西北内陆棉区。

为害状

以幼虫潜食叶片栅栏组织，形成不规则弯曲的蛇形蛀道，幼虫排泄的黑色虫粪交替排在蛀道两侧，蛀道长度和宽度随虫龄的增长而增大，老熟幼虫从蛀道顶端咬破叶片上表皮钻出叶面。发生初期虫道呈不规则线状伸展，虫道终端常明显变宽（图2-62）。

图2-62 美洲斑潜蝇为害状

形态特征

成虫（图2-63）头部黄色，复眼酱红色，外顶鬃着生在暗色区域，内顶鬃常着生在黄暗交界处。胸、腹背面大体黑色，中胸背板黑色发亮，后缘小盾片鲜黄色，体腹面黄色。前翅M_{3+4}脉末端为前一段的3～4倍，后翅退化为平衡棒。雌虫体较雄虫大，体长1.50～2.13mm，翅长1.18～1.68mm；雄成虫体长1.38～1.88mm，翅长1.0～1.35mm。

图2-63 美洲斑潜蝇成虫

卵椭圆形，米色，半透明，长0.24～0.36mm，短径0.12～0.24mm。

幼虫蛆形，共3龄。初孵幼虫米色半透明，体长0.32～0.60mm，老熟幼虫橙黄色，体长1.68～3.0mm，腹部末端有1对圆锥形后气门，在气门突末端分叉，其中两个分叉较长，各具一气孔开口。

蛹椭圆形，腹面稍扁平，多为橙黄色，有时呈暗至金黄色，长1.48～1.96mm，后气门3孔。

发生规律

成虫有一定飞翔能力，对黄色趋性强。成虫以产卵器刺伤叶片，把卵产在部分伤口表皮下。卵经2～5d孵化，幼虫期4～7d，末龄幼虫咬破叶表皮在叶外或土表下化蛹，蛹经7～14d羽化为成虫。每世代夏季2～4周，冬季6～8周。世代短，繁殖能力强。降雨不利于幼虫生长和发生。一般来讲，7～9月适温干旱发生重，低温多雨发生轻。由于冬季不能在田间越冬，11月份后转入蔬菜大棚中为害。

防治要点

①农业防治。调节作物种植布局，与该虫不为害的作物（如小麦）合理套种或轮作。②化学防治。在受害作物每叶片有幼虫5头时，掌握在幼虫二龄前

（虫道很小时），于8：00 ～ 11：00露水干后幼虫开始到叶面活动或老熟幼虫多从虫道中钻出时，喷洒25%阿维·杀蝉（斑潜净）乳油1 500倍液，或48%毒死蝉乳油1 500倍液、98%巴丹原粉1 500倍液、1.8%阿维菌素乳油3 000倍液、5%顺式氰戊菊酯乳油2 000倍液等防治。

31 棉尖象甲

概述

学名：*Phytoscaphus gossypii* Chao，属鞘翅目象甲科。分布于黄河流域棉区、长江流域棉区、西北内陆棉区。

为害状

以成虫为害棉花嫩苗，一株上多则可群聚十几头甚至数十头。成虫啃食棉叶，造成孔洞或缺刻；咬食嫩头，造成断头棉；为害幼蕾和苞叶，严重时可造成大量脱落。

形态特征

成虫（图2-64）体长4.1 ～ 5mm。雄虫较瘦小，腹板中间略凹；雌虫较肥大。体及翅鞘黄褐色，两侧及腹面黄绿色，有金属光泽。喙长为宽的2倍。触角膝状弯曲，柄节细长，短于梗节和鞭节之和，棒节长卵形，触角窝内侧的突起小而钝。前胸背板略呈梯形，有3条褐色纵纹。翅鞘上有明显的纵沟，行间散布半直立的毛，鞘翅上有不规则的褐色云斑。后足腿节内侧有一刺状突起。

图2-64　棉尖象甲成虫

卵椭圆形，长约0.7mm，淡黄色，具光泽，孵化时呈淡红色。

幼虫体长4 ～ 6mm，头及前胸背板黄褐色，体黄白色。整个虫体向后端渐细，末节略呈管状突起。围绕肛门后方有5片骨化瓣，中间的较大，骨化瓣间各有1根刺毛，中间的两根刺毛长。

蛹为裸蛹，长4 ～ 5mm。翅紧贴于腹背面，后翅边缘外露与后足平齐，伸达腹部末端。腹部末端有2根较粗的尾刺。初化蛹时体乳白色，翅向两侧伸出；近羽化时，头、足变黄，翅变灰，复眼变黑。根据蛹发育期的颜色变化情况，可分为7级。

发生规律

幼虫在土中以作物嫩根和土中腐殖质为食，秋季下移越冬。具避光、伪死和群迁习性。

在南北棉区均1年发生1代，大多以幼虫在玉米、大豆根部的土壤中越冬。北方棉区越冬幼虫在5月下旬至6月初化蛹，6月上、中旬羽化出土，为害棉花，盛期为6月底至7月上旬，以后转移到玉米、谷子田中。成虫喜在发育早、现蕾多的棉田为害，还喜欢群聚于草堆和杨树枝把里面。棉花的前茬为玉米或大豆时虫量大、受害重。

防治要点

①农业防治。利用棉尖象假死性，黄昏时一手持盆置于棉株下方，一手摇动棉株，使棉尖象落入盆中，集中杀灭。②化学防治。百株虫量达30～50头时，选用40%辛硫磷乳油1 000倍液，或0.5%甲氨基阿维菌素苯甲酸盐微乳剂2 000倍液喷雾；或用40%乙酰甲胺磷乳油按药土比1 ∶ 150配成毒土，每667m²撒毒土30kg。虫量大的田块，成虫出土期在田间挖10cm深的坑，坑中撒施毒土，上面覆盖青草，翌日清晨集中杀灭。

32 双斑长跗萤叶甲

概述

学名：*Monolepta hieroglyphica* Motschulsky，属鞘翅目叶甲科。别名：双斑萤叶甲。分布于黄河流域棉区、长江流域棉区、西北内陆棉区。

为害状

成虫取食叶片表皮及叶肉，留下表皮形成枯斑，严重时枯斑连片（图2-65）；同时也能对花蕾造成为害。

形态特征

成虫（图2-66）体长3.6～4.8mm，

图2-65 双斑长跗萤叶甲田间为害状

图2-66 双斑长跗萤叶甲成虫

宽2～2.5mm，长卵形，棕黄色有光泽。头、前胸背板色较深，有时呈橙红色，鞘翅淡黄色有一个近于圆形的淡色斑，周缘为黑色，淡色斑的后外侧常不完全封闭，其后的黑色带纹向后突伸成角状，有些个体黑色带纹模糊不清或完全消失。鞘翅基半部缘折及小盾片一般黑色，足胫节端半部与跗节黑色。腹面中、后胸黑色。头部三角形的额区稍隆，复眼较大，卵圆形，明显突出。触角11节，长度约为体长的2/3。前胸背板横宽，长宽之比约为2：3，密布细刻点。鞘翅被密而浅细的刻点，侧缘稍膨出，端部合成圆形，腹端外露。后足胫节端部具1长刺，后足跗节第一节很长，超过其余3节之和。

卵椭圆形，长0.6mm，初棕黄色，表面具网状纹。

幼虫体长5～6mm，白色至黄白色，体表具瘤和刚毛，前胸背板颜色较深。

蛹长2.8～3.5mm，宽2mm，白色，表面具刚毛。

发生规律

成虫将卵产在表土中，以卵在土中越冬。幼虫共3龄，生活在表土中，个体小，怕光，很少爬离土表，主要取食作物、杂草的根系完成生长发育，食量小，没有暴食习性，一般不会对农作物造成为害。在土壤中，老熟幼虫在土室中化蛹。成虫有群集取食习性；在植物上，自上而下地取食，主要为害棉花上部叶片，取食棉叶上表皮多于下表皮。成虫有弱趋光性，飞翔力弱。

黄河流域棉区和西北内陆棉区1年发生1代。4月中、下旬越冬卵开始孵化，幼虫取食棉花、玉米及杂草等植物的根系完成生长发育，5月底、6月初成虫开始羽化出土，为害棉花叶片。6月下旬至7月上旬，在田间成虫种群数量达到高峰期，为害也达到盛期，7月上旬至中旬产卵达到高峰期。8月下旬虫口基数逐渐减少，9月下旬棉花叶片逐渐老化，营养条件恶化，成虫大量死亡。当早晚气温低或在风大、阴雨、烈日等不利条件下，则隐藏在植物根部或枯叶下；气温高时，成虫活动为害。高温干燥对双斑萤叶甲的发生极为有利，降水量少则发生重；降水量多则发生轻，暴雨对其发生极为不利。双斑萤叶甲喜食玉米、向日葵、大豆等作物，与这些作物邻作的棉田受害常比较严重。

防治要点

①农业防治。秋季或早春深耕土地，将表土中的卵翻至深层，消灭越冬虫

源。早春清除田埂、沟旁和田间的杂草，消灭过渡寄主植物，压低虫源基数。
② 化学防治。新疆棉区防治指标为百株虫量30头。超过防治指标时，可选用
50%辛硫磷乳油1 500倍液，或10%吡虫啉可湿性粉剂1 000倍液、20%氰戊菊酯
乳油1 500倍液、2.5%高效氯氟氰菊酯乳油2 000倍液、4.5%高效氯氟氰菊酯乳
油1 000 ～ 1 500倍液等喷雾防治。清晨时分成虫飞翔能力弱，喷药防治效果最佳。

33　黑绒金龟子

概述

学名：*Serica orientalis* Motschulsky，属鞘翅目金龟子科。别名：天鹅绒金
龟子、东方金龟、东方绢金龟。分布于黄河流域棉区等。

为害状

成虫食性杂，主要啃食幼叶为害，幼苗的子叶生长点被食造成全株枯死。
幼虫咬食幼根为害。

形态特征

成虫（图2-67）体长7 ～ 8mm，
宽4 ～ 5mm，略呈短豆形。背面隆起，
全体黑褐色，被灰色或黑紫色绒毛，
有光泽。触角黑色，鳃叶状，10节，
柄节膨大，上生3 ～ 5根刚毛。前胸
背板及翅脉外侧均具缘毛。两端翅上
均有9条隆起线。前足胫节有2齿；后
足胫节细长，其端部内侧有沟状凹陷。

图2-67　黑绒金龟子成虫

（张智　提供）

卵长1mm，椭圆形，乳白色，孵
化前变褐。

幼虫老熟时体长16 ～ 20mm。头黄褐色。体弯曲，污白色，全体有黄褐色
刚毛。胸足3对，后足最长。腹部末节腹毛区中央有笔尖形空隙呈双峰状，腹毛
区后缘有12 ～ 26根长而稍扁的刺毛，排成弧形。

蛹长6 ～ 9mm，黄褐色至黑褐色，腹末有臀棘1对。

发生规律

1年1代。成虫在土中越冬。翌年4月中、下旬至5月上旬，成虫出土啃食棉

苗。5月至6月上旬为成虫发生盛期，6月为产卵盛期。卵单产在棉花根部的土表中，6月中旬孵化，8月中、下旬幼虫老熟潜入地下20～30cm处作土室化蛹，蛹期10d，羽化后进入越冬期。成虫有趋光性和假死性。

防治要点

①物理防治。利用成虫假死性进行人工捕捉。②化学防治。成虫发生期选用2.5%溴氰菊酯乳油、20%氰戊菊酯乳油3 000倍液，或2.5%高效氯氟氰菊酯乳油2 000倍液喷雾防治。

34 小地老虎

概述

学名：*Agrotis ypsilon* Rottemberg，属鳞翅目夜蛾科。分布于黄河流域棉区、长江流域棉区等。

为害状

初孵幼虫取食植物嫩叶，啃食叶肉留下表皮，形成天窗式被害状。龄期稍大的可咬成小洞和缺口，还可为害棉花嫩头生长点，形成"多头棉"。大龄幼虫可咬断主茎，形成缺苗断垄，严重时造成成片缺苗。

形态特征

成虫（图2-68）体长16～23mm，翅展42～54mm，身体灰褐色，上有黑色斑纹。触角深黄褐色，雌蛾为丝状；雄蛾为双栉状，端半部为丝状。前翅深灰褐色，内横线与外横线均弯曲呈"之"字形，中室端有黑色肾形纹，肾形纹凹面向外并紧连一个明显的长三角形黑斑，三角形黑斑尖端向外与由前缘向内指的两个较小的长三角形黑斑相对。后翅灰白色，翅脉褐色，近翅缘黑褐色。

卵半球形，直径约0.5mm，有很多纵纹和横纹。初产的卵为淡黄色，孵化前呈灰褐色。

初孵幼虫沙褐色，取食后体色转绿，入土后又转为灰褐色。三龄幼虫体长8～12mm，老熟幼虫37～47mm，头部褐色，有不规则黑褐色网纹，在放大镜下可看到幼虫体表密布黑色圆形小突起（图2-69）。臀板黄褐色，有深褐色纵纹两条。

蛹长18～24mm，宽8～9mm，赤褐色，腹部第四至七节背板前端各有1列黑条，尾端黑色，有刺2根。

图2-68 小地老虎成虫

图2-69 小地老虎幼虫

发生规律

卵多散产，产在土块、地表缝隙、土表的枯草茎和根须上，以及棉苗和杂草叶片的背面。初孵幼虫一般较活跃，孵化后常取食卵壳，并能立即取食植物嫩叶，幼虫白天潜伏在棉苗附近表土下，夜出为害。老熟幼虫一般在土中做室化蛹。成虫有较强的趋光性和趋蜜糖习性。

在黄河流域棉区1年发生3～4代，长江流域棉区4～6代，以幼虫或蛹越冬，在黄河流域棉区北部即不能越冬，早春虫源是从南方远距离迁飞而来。一代卵孵化盛期在4月中旬，4月下旬至5月上旬为幼虫盛发期，阴冷潮湿、杂草多、湿度大的棉田虫量多、为害重。一般低洼地、黏壤土和杂草多的地块发生重。

防治要点

①农业防治。播种前清除田内外杂草，将杂草沤肥或烧毁。②物理防治。成虫发生期用频振式杀虫灯、黑光灯、杨树枝把、新鲜的桐树叶和糖醋液（糖：醋：酒：水为6：3：1：10）等方法可诱杀成虫。③化学防治。幼虫发生期，用90%敌百虫晶体100g，对水1kg混匀后喷拌在5kg炒香的麦麸或碾碎炒香的棉籽饼上或铡碎的青鲜草上，配制成毒饵，傍晚顺垄撒施在棉苗附近可诱杀幼虫。低龄幼虫发生期，用90%敌百虫晶体1 000倍液，或40%辛硫磷乳油1 500倍液、20%氰戊菊酯乳油1 500～2 000倍液喷雾。

35 灰巴蜗牛

概述

学名：*Bradybaena ravida* Benson，属软体动物门腹足纲巴蜗牛科。分布于黄

河流域棉区、长江流域棉区。

为害状

以成体和幼体为害棉花嫩叶、茎、花、蕾、铃，用齿舌和颚片刮锉，形成不整齐的缺刻或孔洞。蜗牛可分泌白色有光泽的黏液，食痕部易受细菌侵染，粪便和分泌黏液还可诱发霉菌，影响棉苗生长。

形态特征

图2-70　灰巴蜗牛成体

贝壳（图2-70）中等大小，壳质稍厚，坚固，呈圆球形。壳高19mm，宽21mm，有5.5～6个螺层，顶部几个螺层增长缓慢、略膨胀，体螺层急骤增长、膨大。壳面黄褐色或琥珀色，并具有细致而稠密的生长线和螺纹。壳顶尖。缝合线深。壳口呈椭圆形，口缘完整，略外折，锋利，易碎。轴缘在脐孔处外折，略遮盖脐孔。脐孔狭小，呈缝隙状。个体大小、颜色变异较大。

卵圆球形，白色。

发生规律

上海、浙江年发生1代，11月下旬以成体和幼体在田埂土缝、残株落叶、宅前屋后的物体下越冬。翌年3月上、中旬开始活动。白天潜伏，傍晚或清晨取食，遇有阴雨天多整天栖息在植株上。4月下旬到5月上、中旬成体开始交配，不久把卵成堆产在植株根颈部的湿土中，初产的卵表面具黏液，干燥后把卵粒粘在一起成块状。初孵幼体多群集在一起取食，长大后分散为害，喜栖息在植株茂密低洼潮湿处。温暖多雨天气及田间潮湿处受害重；遇有高温干燥条件，蜗牛常把壳口封住，潜伏在潮湿的土缝中或茎叶下，待条件适宜时，如下雨或灌溉后，于傍晚或早晨外出取食。11月中、下旬又开始越冬。

防治要点

①农业防治。4～5月产卵高峰期，中耕翻土；清晨、傍晚和阴雨天进行人工捕捉。②化学防治。5月上、中旬幼体盛发期和6～8月多雨年份，当成、幼体密度达到每平方米3～5头或棉苗被害率达5%左右时，用6%四聚乙醛（密达）颗粒剂或6%甲萘·四聚（除蜗灵）毒饵距棉株30～40cm顺行撒施诱杀。

36 同型巴蜗牛

概述

学名：*Bradybaena similaris* Ferussac，属软体动物门腹足纲巴蜗牛科。我国各地均有发生。

为害状

同"灰巴蜗牛"。

形态特征

贝壳（图2-71）中等大小，壳质厚，坚实，呈扁球形。壳高12mm，宽16mm，有5～6个螺层，顶部几个螺层增长缓慢，略膨胀，螺旋部低矮，体螺层增长迅速、膨大。壳顶钝，缝合线深。壳面呈黄褐色或红褐色，有稠密而细致的生长线。体螺层周缘或缝合线处常有一条暗褐色带（有些个体无）。壳口呈马蹄形，口缘锋利，轴缘外折，遮盖部分脐孔。脐孔小而深，呈洞穴状。个体之间形态变异较大。

图2-71 同型巴蜗牛成体

卵圆球形，直径2mm，乳白色有光泽，渐变淡黄色，近孵化时为土黄色。

发生规律

同"灰巴蜗牛"。

防治要点

同"灰巴蜗牛"。

37 蛞蝓

概述

学名：*Agriolimax agrestis* L.，属软体动物门腹足纲柄眼目蛞蝓科。别名：旱

螺、无壳蜒蚰螺、黏液虫、鼻涕虫等。分布于黄河流域棉区、长江流域棉区。

为害状

在棉田主要为害棉苗幼芽、嫩茎，造成叶片大小不等的缺刻和孔洞，重者则叶片被吃光。蛞蝓爬过后留下的白色胶质也能造成棉苗枯萎死亡。植株受其粪便污染，易诱发病原侵染而导致腐烂。

形态特征

成体（图2-72）体长20～25mm，爬行时体长可达30～36mm，体宽

图2-72 蛞蝓成体

4～6mm。体柔软裸露，无外壳，灰褐色，有不明显的暗带或斑点。触角2对，暗黑色，第一对在头部前下方，较短，具感触作用，称前触角，第二对在第一对的上后方，细长，顶端有黑色的眼，称后触角。前触角下方的中间是口。背部中段略前方有一外套膜，是由体壁的一部分褶皱伸长而成的膜状物，具有保护头部和内脏的作用，其边缘卷起，内有1块卵圆形透明的薄内壳。呼吸孔以小细带环绕。体背及腹面有很多腺体，能分泌无色黏液，生殖孔在前触角右后方约2mm处。

初孵幼体体长2～2.5mm，宽1mm，淡褐色，外套膜下后方的内壳隐约可见。初孵幼体一般在土下1～2d不大活动，3d左右爬出地面取食，1周后体长即可长到3mm左右，2个月后体长可达10mm、体宽约2mm，一般5个月左右发育为成体。

发生规律

蛞蝓在大多数地区1年繁殖2代。4月上旬其越冬幼体可发育成熟，每个成体均可产卵繁殖。一年内有春秋两次交配产卵盛期，春季在4～5月，秋季在10月。卵暴露在日光或干燥的空气中，会自行爆裂。成体、幼体和卵均可越冬。一般在第二年的3月上旬开始大量活动并为害，4月底至5月棉田出土后为害棉叶。5～7月在田间大量活动为害。入夏气温升高，活动减弱，秋季凉爽后，又活动为害。7～8月高温干旱季节基本停止为害，潜入作物根部、土下、草堆下、石块下等处越夏。9月中旬以后气温下降，恢复活动，遂再度为害秋季作物。至11

月中旬后，气温下降，陆续转入越冬。一般在南方每年4～6月和9～11月有两个活动高峰期，在北方7～9月为害较重。梅雨季节是为害盛期。

防治要点

①农业防治。种植前彻底清除田间及周边杂草，耕翻晒地，恶化栖息场所。种植后及时铲除田间、地边杂草，清除蛞蝓的滋生场所。采用地膜覆盖，可明显减轻蛞蝓为害。②化学防治。种子发芽时或苗期，在雨后或傍晚每公顷用6%四聚乙醛颗粒剂7.5～9kg，拌细沙75～150kg，均匀撒施。若蛞蝓为害面积不大，可用200倍盐水喷于叶面或根系附近防治；为害严重的地块可用10%硫特普＋30%敌敌畏混剂900倍液喷雾。

第3章

棉田杂草

1 问荆

概述

问荆（*Equisetum arvense* L.），木贼科，木贼属。别名：笔头草、土麻黄、马草、接骨草、马虎刚。防除难度大，广布全国棉区，局部中度为害。

形态特征

根状茎长而横走。地上茎二型，软草质。营养茎（图3-1）在孢子茎枯萎后生出，高15～60cm，具6～12条纵棱，分枝轮生，中实，鲜绿色，表面粗糙。叶退化成鞘，鞘齿披针形，黑褐色，边缘灰白色，厚草质，不脱落。孢子茎（图3-2）早春先发，高5～20cm，常呈紫褐色，肉质，粗壮，单一，叶鞘较孢子叶的长而大；孢子囊顶生，椭圆形，钝头；孢子叶盾状，下面生6～8个孢子囊；孢子一型，孢子成熟后孢子茎即枯萎。

多年生草本。根状茎繁殖为主，也可孢子繁殖。

防治要点

（1）化学防除。选择性除草剂防除难度大。棉花苗后茎叶定向喷雾处理，可用草甘膦，在棉花植株高30cm以上或现蕾期后，每667m²用41%草甘膦异丙胺盐水剂200～300g（有效成分82～123g），对水20～30L在棉花行间定向喷雾。定向喷雾时需压低喷头，加保护罩，以免雾滴飘移到棉花叶片上而产生药害。也可在棉花收获后喷施草甘膦防治。加入喷雾助剂可提高防治效果。

（2）机械防治。在棉花播种（移栽）前，深翻可从底部切断根茎，截断营养器官，把根茎深埋地下，降低其拱土能力；棉花出苗前及生育期内，利用农

图3-1 问荆营养茎

图3-2 问荆孢子茎

机具或农业机械进行耕、耙或中耕松土，可控制问荆发生。

（3）生态调控。采用薄膜覆盖，提高膜下温度、增加湿度、减少气体交换，使杂草窒息死亡。

（4）改良土壤。问荆喜中性和微酸性土壤，施用碱性肥料而少用或不用酸性肥料，可减少其发生。

2 节节草

概述

节节草（*Equisetum ramosissimum* Desf.）木贼科，木贼属。别名：木贼草、土麻黄、草麻黄。广布全国棉区，局部中度为害。

形态特征

根茎直立，横走或斜升。地上茎（图3-3）一型，高20～60cm，中部直径1～3cm，节间长2～6cm，绿色，主枝多在下部分枝，常形成簇生状，中空。主枝有脊5～14条，脊的背部弧形，有一行小瘤或有浅色小横纹；鞘筒狭长达1cm，下部灰绿色，上部灰棕色；鞘齿5～12枚，三角形，灰白色、黑棕色或淡棕色，边缘为膜质，早落或宿存。侧枝较硬，圆柱状，有脊5～8条，脊上平滑或有一行小瘤或有浅色小横纹；鞘齿5～8个，披针形，革质但边缘膜质，上

103

图3-3　节节草营养茎（地上茎）　　　　图3-4　节节草营养茎（孢子囊）

部棕色，宿存。孢子囊穗（图3-4）短棒状或椭圆形，长0.5～2.5cm，中部直径0.4～0.7cm，顶端有小尖突，无柄。

多年生草本。根状茎繁殖为主，也可孢子繁殖。

防治要点

化学防除、机械防治、生态调控参见"问荆"。

3 空心莲子草

概述

空心莲子草 [*Alternanthera philoxeroides* (Mart.) Griseb.]，苋科，莲子草属。别名：水花生、革命草、空心苋。长江流域棉区轻度至中度为害。

形态特征

茎基部匍匐，常呈粉红色，上部斜升或全株平卧，长50～150cm，着地生根，茎中空，髓腔大，直径约3～5mm，节膨大；茎和分枝有细棱，棱间有白色细毛，节腋处疏生细柔毛（图3-5）。叶对生，叶柄短；叶片长圆形、长圆状倒卵形或倒卵状披针形，长3～6cm，宽1.5～2cm，先端急尖或圆钝，基部渐狭，全缘，两面无毛或上面有伏毛，边缘有睫毛。头状花序（图3-6）单生于叶腋，直径1～1.5cm，由10～20朵无柄的白色小花集生组成，有总花梗，总梗长1.5～3cm，苞片和小苞片均为干膜质，宿存，花被片5片，披针形，长约5mm，宽约2.5mm，背部两侧压扁，膜质，白色，有光泽；雄蕊5，花丝长2.5～3mm，退化雄蕊与之相间而生，先端分裂如丝，花丝基部和退化雄蕊之基部连成短管；子

图3-5　空心莲子草茎（苗期）　　　　　图3-6　空心莲子草花序

房球形，花柱粗短，长约0.5mm，柱头头状。胞果扁平，边缘具翅，略增厚，透镜状；种皮革质，胚环形。

多年生草本。双子叶杂草。以根茎进行营养繁殖，3～4月间根茎开始萌芽出土，花期5～10月，通常开花而不实。匍匐茎发达，并于节处生根，茎的节段亦可萌生成株，借以蔓延及扩散。

防治要点

（1）化学防除。对大部分除草剂不敏感，可采用土壤处理加苗后定向喷雾的措施防治。

1）棉花播种（移栽）前或播种后出苗前土壤处理：① 每667m²用900g/L乙草胺乳油80～100g（有效成分72～90g）对水40～50L，土壤喷雾；② 每667m²用960g/L精异丙甲草胺乳油50～85g（有效成分48～81.6g）对水40～50L，土壤喷雾；③ 每667m²施用33%二甲戊灵乳油150～200g（有效成分49.5～66g），对水40～50L土壤处理，药后浅混土；④ 每667m²用24%乙氧氟草醚乳油40～50g（有效成分9.6～12g），对水40～50L土壤喷雾。地膜覆盖棉田需降低用量，每667m²使用24%乙氧氟草醚乳油20～25g（有效成分4.8～6g）；⑤ 敌草隆、扑草净、仲丁灵、敌草胺等均在棉田登记，使用剂量及地区查询http://www.chinapesticide.gov.cn。

2）棉花苗后茎叶处理：① 棉花植株高30cm以上或现蕾期后，每667m²用41%草甘膦异丙胺盐水剂100～200g（有效成分41～82g），对水20～30L在棉花行间定向喷雾。定向喷雾时需压低喷头，加保护罩，以免雾滴飘移到棉花叶片上而产生药害；② 棉花植株高30cm以上或现蕾期后，田间杂草已出苗，每667m²用200g/L草铵膦水剂450～600g（有效成分90～120g），对水20～30L在棉花行间定向喷雾。定向喷雾时需压低喷头，加保护罩，以免雾滴飘移到棉花叶

片上而产生药害。

（2）人工防治。①控制杂草种子入田。清除地边、路旁的杂草，防止种子扩散，以减少田间杂草来源。用杂草沤制农家肥时，应将含有杂草种子的肥料用塑料薄膜覆盖，高温堆沤2～4周，使种子丧失发芽力后再施入田间。②结合农事活动人工除草。在杂草萌发后或生长时期直接进行人工拔除或铲除，或结合间苗、施肥、农耕等措施剔除杂草。

（3）生态调控。采用薄膜覆盖，可提高膜下温度、增加湿度、减少气体交换，使杂草窒息死亡。植物秸秆覆盖，靠遮光及物理作用减少杂草种子发芽、出苗。

（4）机械防治。在棉花播种（移栽）前、出苗前及生育期内，利用农机具或农业机械进行耕、耙或中耕松土，直接杀死、刈割或铲除杂草。

（5）农业措施。结合轮作换茬，挖除空心莲子草在土壤中的根茎，集中晒干和烧毁，或沤制成肥料等办法将其清除。未发现空心莲子草的棉田要加强防范，防止其无性繁殖体入侵。

（6）生物防治。利用曲纹叶甲、虾钳菜披龟甲等对空心莲子草进行防治。

4 莲子草

概述

莲子草 [*Alternanthera sessilis* (L.) R. Br. ex DC.]，苋科，莲子草属。别名：虾钳菜、满天星。长江流域棉区轻度为害。

形态特征

根圆锥形，直径约3mm。株高10～45cm，茎常匍匐，绿色或稍带紫色，有纵沟，沟内有柔毛，节腋处密生长柔毛；叶对生，叶片线状披针形、倒卵形或卵状长圆形，长1～8cm，宽0.2～2cm，先端急尖或圆钝，基部楔形，全缘或具不明显的锯齿。头状花序（图3-7）1～4个，腋生，无总花梗，直径3～6mm；花密生；苞片及小苞片白色，先端短渐尖；花被片卵形，长2～3mm，先端渐尖或急尖，白色，无毛，具一脉，干膜质，有光泽，宿存；雄蕊3，花丝长约0.7mm，基部连合成

图3-7 莲子草花序

环状，退化雄蕊三角状钻形，比花丝短，花柱极短，柱头短裂。胞果倒心形，长2～2.5mm，扁平，边缘有狭翅，深褐色，包在宿存花被内；种子卵球形。

1年生草本。双子叶杂草。苗期3～4月，花期5～9月，果期7～10月。以匍匐茎进行营养繁殖和种子繁殖。

防治要点

化学防除、人工防治、生态调控参见"空心莲子草"。

机械及农作防治。在棉花播种（移栽）前、出苗前及生育期内，利用农机具或农业机械进行耕、耙或中耕松土，直接杀死、刈割或铲除杂草。采用水旱轮作，降低发生密度。

5 反枝苋

概述

反枝苋（*Amaranthus retroflexux* L.），苋科，苋属。别名：人行菜、西风谷、大叶菜。除内蒙古、宁夏、青海及西藏外，其他省份均有分布，为棉田恶性杂草。

形态特征

株高20～100cm，茎直立，粗壮，单一或分枝，绿色，有时具淡红色条纹，密生短柔毛（图3-8）。叶片椭圆状卵形或菱状卵形，长4～12cm，宽2～5cm，先端锐尖或微凹，具小芒尖，基部楔形，全缘或波状，两面及边缘具柔毛。多数穗状花序组成圆锥花序（图3-9）。圆锥花序粗壮，顶生或腋生；苞片干膜质，透

图3-8 反枝苋幼苗期

图3-9 反枝苋穗

明，钻形，白色，背面具1淡绿色龙骨状突起；花被片5，长圆形或长圆状倒卵形，白色，具一淡绿色中脉，先端钝急尖或尖凹，具凸尖；雄蕊5，柱头3。胞果扁卵形，长约3mm，不裂，微皱缩而近平滑，超出宿存花被片。种子扁球形，直径约1.2mm，黑色至黑褐色，具环状边缘。

1年生草本。双子叶杂草。5月开始出土，灌水或降雨后出现出苗高峰。苗期5～6月，花期7～8月，果期8～10月。种子繁殖。

防治要点

（1）化学防除。棉花播种（移栽）前或播种后出苗前土壤处理：①每667m² 用900g/L乙草胺乳油80～100g（有效成分72～90g）对水40～50L，土壤喷雾；②每667m² 用960g/L精异丙甲草胺乳油50～85g（有效成分48～81.6g）对水40～50L，土壤喷雾；③每667m² 施用33%二甲戊灵乳油150～200g（有效成分49.5～66g）对水40～50L，土壤处理，药后浅混土；④每667m² 用24%乙氧氟草醚乳油40～50g（有效成分9.6～12g）对水40～50L，土壤喷雾。地膜覆盖棉田需降低用量，每667m² 使用24%乙氧氟草醚乳油20～25g（有效成分4.8～6g）；⑤敌草隆、扑草净、仲丁灵、敌草胺等均在棉田登记，使用剂量及地区查询http://www.chinapesticide.gov.cn。

（2）人工防治。①控制杂草种子入田。清除地边、路旁的杂草，防止种子扩散，以减少田间杂草来源。用杂草沤制农家肥时，应将含有杂草种子的肥料用塑料薄膜覆盖，高温堆沤2～4周，使种子丧失发芽力后再施入田间。②结合农事活动人工除草。在杂草萌发后或生长时期人工拔除或铲除，或结合间苗、施肥、农耕等措施剔除杂草。

（3）生态调控。采用薄膜覆盖，可提高膜下温度、增加湿度、减少气体交换，使杂草窒息死亡。植物秸秆覆盖，靠遮光及物理作用减少杂草种子发芽、出苗。

6 凹头苋

概述

凹头苋（*Amaranthus lividus* L.），苋科，苋属。别名：野苋。除内蒙古、宁夏、青海及西藏外，其他省份均有分布，在棉田轻度发生。

形态特征

株高10～30cm，全体无毛；茎伏卧而上升，由基部分枝，绿色或紫红色（图3-10）。叶片卵形或菱状卵形，长1.5～4.5cm，宽1～3cm，先端钝圆而有凹缺，基部宽楔形，全缘或稍呈波状；叶柄长1～3.5cm。花簇大部生于叶腋，生在茎端或分枝端的花簇集成直立穗状或圆锥状花序（图3-11）；苞片及小苞片长圆形；花被片3，长圆形或披针形，干膜质，淡绿色，先端钝有微尖头，边缘内曲；雄蕊3，稍短于花被片；柱头3或2。胞果扁卵形，长约3mm，不裂，微皱缩而近平滑，超出宿存花被片。种子扁球形，直径约1.2mm，黑色至黑褐色，具环状边缘。

图3-10　凹头苋幼苗期

图3-11　凹头苋花序

1年生草本。双子叶杂草。5月开始出土，灌水或降雨后出现出苗高峰。苗期5～6月，花期7～8月，果期8～10月。种子繁殖。

防治要点

参见"反枝苋"。

7 刺苋

概述

刺苋（*Amaranthus spinosus* L.）苋科，苋属。别名：勒苋菜。分布于江苏、浙江、安徽、湖北、湖南、广东、广西、福建、台湾、四川、云南、贵州、陕西、河南等省，棉田轻度发生。

形态特征

株高30～100cm。茎直立，多分枝，绿色或带红色，下部光滑，上部无毛或稍有柔毛（图3-12）。叶片菱状卵形或卵状披针形，长3～12cm，宽1～5.5cm，先端常有细刺，基部楔形，全缘，叶柄长1～8cm，两侧有2刺，刺长5～10mm。花单性或杂性，雌花簇生于叶腋，雄花集成顶生的圆锥花序（图3-13），长3～25cm，一部分苞片变成尖刺，一部分呈狭披针形，花被片绿色，先端急尖，边缘透明，雄花的雄蕊5，花丝和花被片略等长或较短；雌花的柱头3，有时2。胞果长圆形，长约1～1.2mm，盖裂，包在宿存花被内。种子倒卵形至圆形，略扁，凸透镜状，长0.9～1.2mm，宽0.8mm，周缘成带状，带上有细颗粒条纹；表面黑色，有光泽；种脐位于基端。

图3-12　刺苋苗期

图3-13　刺苋花期

1年生草本。双子叶杂草。苗期4～5月，花期7～8月，果期8～9月。胞果边熟边盖裂，散落种子于土壤中。

防治要点

参见"反枝苋"。

8　绿苋

概述

绿苋（*Amaranthus viridis* L.）苋科，苋属。别名：皱果苋、野苋。主要分布于黄淮海棉区，棉田轻度发生。

形态特征

株高40～80cm，全体无毛；茎直立，稍有分枝，绿色或带紫色。叶片卵形或卵状椭圆形，长3～9cm，宽2.5～6cm；先端凹缺，少数圆钝，有一小芒尖，基部近截形，全缘或微呈波状，叶柄长3～6cm。花小，排列成细长腋生的穗状花序，或于茎顶再形成圆锥花序（图3-14），长6～12cm，宽1.5～3cm；苞片和小苞片披针状长圆形，干膜质；花被片3，长圆形或倒披针形，绿色或红色，有芒尖，边缘透明，内曲；雄蕊3，比花被片短；柱头3或2。胞果扁球形，直径约2mm，绿色，不裂，表面极皱缩，超出宿存花被外。种子倒卵形或圆形，凸透镜状，直径约1mm，黑色或黑褐色，有光泽，具细微的线状雕纹。

图3-14 绿苋花序

1年生草本。双子叶杂草。苗期4～5月，花果期7～10月。种子繁殖。

防治要点

参见"反枝苋"。

9 青葙

概述

青葙（*Celosia argentea* L.），苋科，青葙属。别名：野鸡冠花。为长江流域棉区棉田恶性杂草。

形态特征

株高60～100cm，全株无毛。茎直立，有分枝，绿色或红色，具明显条纹。叶互生，叶片披针形或椭圆状披针形，长5～8cm，宽1～8cm，先端急尖或渐尖，基部渐狭成柄，全缘（图3-15）。穗状花序顶生；花多数，密生，初开时淡红色，后变白色；每花有苞片1和小苞片2，白色，披针形，先端渐尖，延长成细芒；花被片5，披针形，干膜质，透明，有光泽；雄蕊5，花丝下部合生成杯状，花药紫红色；子房长圆形，花柱细长，紫红色，柱头2～3裂（图3-16）。胞果卵形或近球形，包于宿存的花被内。种子倒卵形至肾状圆形，略扁，直径约1.1mm，表面黑色，有光泽，周缘无带状条纹，种脐明显，位于缺刻内。

1年生草本。双子叶杂草。苗期5～7月，花果期7～10月。种子繁殖。

防治要点

参见"反枝苋"。

图 3-15　青葙苗期

图 3-16　青葙花

10　葎草

概述

葎草 [*Humulus scandens* (Lour) Merr.]，大麻科（或桑科），葎草属。别名：拉拉秧、五爪龙、割人藤。主要分布于黄淮流域棉区，轻度为害。

形态特征

茎蔓生，茎和叶柄均密生倒钩刺。叶对生，叶片掌状5～7裂，直径7～10cm，裂片卵状椭圆形，叶缘具粗锯齿，两面均有粗糙刺毛，下面有黄色小腺

图 3-17　葎草苗期

点；叶柄长5～20cm（图3-17）。花单性，雌雄异株；雄花排列成长15～25cm的圆锥花序，花小，淡黄绿色，花被片和雄蕊各5（图3-18）；雌花排列成近圆形的穗状花序，腋生（图3-19）；每个苞片内有2片小苞片，每一小苞内都有1朵雌花；花被片退化为全缘的膜质片，紧包子房；柱头2，红褐色。瘦果扁球形，淡黄色或褐红色，直径约3mm，被黄褐色腺点。

1年生或多年生缠绕草本。双子叶杂草。苗期4～5月，花期7～8月，果期9～10月。种子繁殖。

图3-18　葎草雄穗

图3-19　葎草雌穗

防治要点

（1）化学防除。葎草对棉田常用土壤处理除草剂及茎叶处理除草剂不敏感，可采取棉花苗后定向茎叶处理：①杂草3～5叶期，每667m²用10%乙羧氟草醚乳油30～40g（有效成分3～4g），对水20～30L在棉花行间对靶定向喷雾；②棉花植株高30cm以上或现蕾期后，每667m²用41%草甘膦异丙胺盐水剂100～200g（有效成分41～82g），对水20～30L，在棉花行间定向喷雾。定向喷雾时需压低喷头，加保护罩，以免雾滴飘移到棉花叶片上而产生药害；③每667m²用10%嘧草硫醚水剂20～30g（有效成分2～3g），对水20～30L，在棉花行间定向茎叶喷雾。

（2）人工防治。①控制杂草种子入田。清除地边、路旁的葎草雌株，防止种子扩散，以减少田间杂草来源。用杂草沤制农家肥时，应将含有杂草种子的肥料用塑料薄膜覆盖，高温堆沤2～4周，使种子丧失发芽力后再施入田间。②结合农事活动人工除草。在杂草萌发后或生长时期人工拔除或铲除，或结合间苗、施肥、农耕等农事操作剔除杂草。

（3）生态调控。采用薄膜覆盖，可提高膜下温度、增加湿度、减少气体交换，使杂草窒息死亡。植物秸秆覆盖，靠遮光及物理作用减少葎草等种子发芽、出苗。

（4）机械防治。在棉花播种（移栽）前、出苗前及生育期内，利用农机具或农业机械进行耕、耙或中耕松土，直接杀死、刈割或铲除杂草。

（5）生物防治。黄蛱蝶的幼虫以葎草为食，以葎草叶片搭建隐蔽所。可利用黄蛱蝶控制葎草。

11 臭矢菜

概述

臭矢菜（*Cleome viscosa* L.），白花菜科，白花菜属。别名：黄花菜、黄花臭草、羊角草、野油菜。分布于我国长江流域及华南地区棉田，轻度发生。

形态特征

株高约30～90cm。茎有分枝，有黄色柔毛与黏性腺毛。掌状复叶，互生，小叶3～5，倒卵形或倒卵状长圆形，全缘，两面有腺毛（图3-20）。总状花序，苞片3～5裂，萼片4，披针形；花瓣4，无毛，黄色，倒卵形，长8～10mm；雄蕊10～20枚，短于花瓣；雌蕊无子房柄，子房密生淡黄色腺毛。蒴果圆柱形，长4～10cm，有明显的纵条纹及黏性腺毛；种子多数，种皮褐色，有皱纹。

图3-20 臭矢菜苗期

1年生草本。双子叶杂草。植株有臭味。苗期2～3月，花果期5～8月。种子繁殖。

防治要点

（1）化学防除。

1）棉花播种（移栽）前或播种后出苗前土壤处理：①每667m^{2}用900g/L乙草胺乳油80～100g（有效成分72～90g），对水40～50L，土表喷雾；②每667m^{2}用960g/L精异丙甲草胺乳油50～85g（有效成分48～81.6g），对水40～50L，土表喷雾；③棉花播前或播后苗前，每667m^{2}用33％二甲戊灵乳油150～200g（有效成分49.5～66g），对水40～50L，土壤处理，药后浅混土；④每667m^{2}用24％乙氧氟草醚乳油40～50g（有效成分9.6～12g），对水40～50L，土壤喷雾。地膜覆盖棉田需降低用量，每667m^{2}使用24％乙氧氟草醚乳油20～25g（有效成分4.8～6g）；⑤敌草隆、扑草净、仲丁灵、敌草胺等均在棉田登记，使用剂量及地区查询http://www.chinapesticide.gov.cn。

2）棉花苗后茎叶处理：①棉花植株高30cm以上或现蕾期后，每667m^{2}用41％草甘膦异丙胺盐水剂100～200g（有效成分41～82g），对水20～30L，在棉花行间定向喷雾；②杂草3～5叶期，每667m²用10%乙羧氟草醚30～40g（有效成分3～4g），对水20～30L，在棉花行间对靶定向喷雾；③棉花植株高30cm以上或现蕾期后，田间杂草已出苗，每667m²用200g/L草铵膦水剂450～600g（有效成分90～120g），对水20～30L在棉花行间定向喷雾。定向喷雾时需压低喷头，加保护罩，以免雾滴飘移到棉花叶片上而产生药害。

（2）人工防治。①控制杂草种子入田。清除地边、路旁的杂草，防止种子扩散，以减少田间杂草来源。用杂草沤制农家肥时，应将含有杂草种子的肥料用塑料薄膜覆盖，高温堆沤2～4周，使种子丧失发芽力后再施入田间。②结合农事活动人工除草。在杂草萌发后或生长时期人工拔除或铲除，或结合间苗、施肥、农耕等剔除杂草。

（3）生态调控。采用薄膜覆盖，可提高膜下温度、增加湿度、减少气体交换，使杂草窒息死亡。植物秸秆覆盖，靠遮光及物理作用减少杂草种子发芽、出苗。

12 藜

概述

藜（*Chenopodium album* L.），藜科，藜属。别名：灰菜、落藜。广布全国各棉区，恶性杂草，中度至重度为害。

形态特征

株高60～120cm。茎直立，粗壮，有棱和纵条纹，多分枝。叶有长柄，叶片菱状卵形至宽披针形，长3～6cm，宽2.5～5cm，先端急尖或微钝，基部宽楔形，叶缘具不整齐锯齿；下面生有粉粒，灰绿色（图3-21）。花两性，整个花集成团伞花簇，由花簇排成密集或间断而疏散的圆锥状花序（图3-22），顶生或腋

图3-21 藜苗期

图3-22 藜花序

生；花小，黄绿色，花被片5，宽卵形至椭圆形，具纵隆脊和膜质边缘，雄蕊5，柱头2。胞果完全包于花被内或顶部稍外露，果皮薄，上有小泡状突起，后期小泡脱落变成皱纹，与种子紧贴。种子横生，双凸镜形，直径1.2～1.5mm，黑色，有光泽，表面具浅沟纹。

1年生草本。双子叶杂草。苗期3～5月，花果期5～10月。种子繁殖。

防治要点

(1) 化学防除。

1) 棉花播种（移栽）前或播种后出苗前土壤处理：对棉田常用土壤处理除草剂较敏感。①每667m² 用900g/L乙草胺乳油80～100g（有效成分72～90g），对水40～50L，土壤喷雾；②每667m² 用960g/L精异丙甲草胺乳油50～85g（有效成分48～81.6g），对水40～50L，土壤喷雾。③每667m² 用48%氟乐灵乳油120～150g（有效成分57.6～72g），对水40～50L，土壤喷雾，喷后立即混土。④棉花播前或播后苗前，每667m² 用33%二甲戊灵乳油150～200g（有效成分49.5～66g），对水40～50L，做土壤处理，药后浅混土。上述药剂，在地膜棉田采用整地—播种—施药—覆膜的操作程序。⑤敌草隆、扑草净、乙氧氟草醚、仲丁灵、敌草胺等均在棉田登记，使用剂量查询http://www.chinapesticide.gov.cn。

2) 棉花苗后茎叶处理剂：①杂草3～5叶期，每667m² 用10%乙羧氟草醚30～40g（有效成分3～4g），对水20～30L，在棉花行间对靶定向喷雾。②棉花植株高30cm以上或现蕾期后，每667m² 用41%草甘膦异丙胺盐水剂100～200g（有效成分41～82g），对水20～30L，在棉花行间定向喷雾。定向喷雾时需压低喷头，加保护罩，以免雾滴飘移到棉花叶片上而产生药害。③每667m² 用10%嘧草硫醚水剂20～30g（有效成分2～3g），对水20～30L，在棉花行间定向茎叶喷雾。

(2) 人工防治。①控制杂草种子入田。清除地边、路旁的杂草，防止种子扩散，以减少田间杂草来源。用杂草沤制农家肥时，应将含有杂草种子的肥料用塑料薄膜覆盖，高温堆沤2～4周，使种子丧失发芽力后再施入田间。②结合农事活动人工除草。在杂草萌发后或生长期人工拔除或铲除，或结合间苗、施肥、农耕等剔除杂草。

(3) 生态调控。采用薄膜覆盖，可提高膜下温度、增加湿度、减少气体交换，使杂草窒息死亡。植物秸秆覆盖，靠遮光及物理作用减少杂草种子发芽、出苗。

(4) 机械防治。在棉花播种（移栽）前、出苗前及生育期内，利用农机具或农业机械进行耕、耙或中耕松土，直接杀死、刈割或铲除杂草。

13 灰绿藜

概述

灰绿藜（*Chenopodium glaucum* L.），藜科，藜属。科别名：灰菜、山芥菜、山菘菠、山根龙。分布于新疆棉区、黄淮流域棉区及长江流域棉区。轻度至中度为害。

形态特征

株高10～35cm，茎自基部分枝，具绿色或紫红色条纹。叶互生，具短柄，叶片厚，长圆状卵形至披针形，长2～4cm，宽0.6～2cm，叶缘具波状牙齿，上面深绿色，中脉明显，下面灰白色或淡紫色，密被粉粒（图3-23）。团伞花序排列成穗状或圆锥状；花两性兼有雌性；花被片3～4，淡绿色，肥厚，基部合生（图3-24）。胞果伸出花被外，果皮薄，黄白色。种子横生、斜生及直立，扁圆形，直径0.5～0.7mm，赤黑色或黑色，有光泽。

图3-23 灰绿藜苗期　　　　　　　　图3-24 灰绿藜花序

1年生或2年生草本。双子叶杂草。苗期4～5月，花期6～9月，果期8～10月。种子繁殖。

防治要点

参见"藜"。

14 小藜

概述

小藜（*Chenopodium serotinum* L.），藜科，藜属。广布全国各棉区，轻度至中度为害。

形态特征

株高20～50cm。茎直立，有分枝，具绿色纵条纹，幼茎常密被粉粒。叶互生，有柄；叶片长圆状卵形，长2～5cm，宽1～3cm，先端钝，基部楔形，边缘有波状齿，下部的叶近基部有2个较大的裂片，两面疏生粉粒（图3-25）。穗状或圆锥状花序，腋生或顶生。花两性；花被片5，宽卵形，先端钝，淡绿色，微有龙骨状突起；雄蕊5，长于花被；柱头2，线形（图3-26）。胞果包于花被内，果皮膜质，与种子贴生。种子横生，双凸镜状，直径约1mm，圆形，黑色，具光泽，边缘有棱，表面有明显的蜂窝状网纹。

图3-25　小藜苗期

图3-26　小藜花序

1年生草本。双子叶杂草。苗期3～5月，花果期5～7月。种子繁殖。

防治要点

参见"藜"。

15　胜红蓟

概述

胜红蓟（*Ageratum conyzoides* L.），菊科，藿香蓟属。别名：藿香蓟。分布长江流域及华南棉区，轻度至中度为害。

形态特征

株高30～60cm，有分枝，稍有香味，被粗毛。单叶对生或顶端互生，叶片卵形或近三角形，具纤细长柄，长5～13cm，宽3～6cm，顶端钝，基部渐狭或楔形，边缘有钝齿，两面被稀柔毛，具3出脉（图3-27）。头状花序小，直径可达5mm，钟状，排成稠密、顶生的伞房花序（图3-28）；总苞片2～3层，几等长，长圆形，急尖，具刺状尖头，背部被疏柔毛或无毛，边缘栉齿状。管状花花冠檐部淡紫色，顶端5裂。瘦果稍呈楔形，黑色，具5棱，顶端有5枚芒状的鳞片，鳞片中部以下稍宽，边缘有小锯齿。

图3-27　胜红蓟苗期

图3-28　胜红蓟花期

1年生草本。双子叶杂草。几乎全年开花结果。种子繁殖。

防治要点

（1）化学防除。

1）棉花播种（移栽）前或播种后出苗前土壤处理：对棉田常用土壤处理除

草剂较敏感。①每667m²用900g/L乙草胺乳油80～100g（有效成分72～90g），对水40～50L，土壤喷雾。②每667m²用960g/L精异丙甲草胺乳油50～85g（有效成分48～81.6g），对水40～50L，土壤喷雾。③棉花播前或播后苗前，每667m²用33％二甲戊灵乳油150～200g（有效成分49.5～66g），对水40～50L，土壤处理，药后浅混土。④每667m²用24％乙氧氟草醚乳油40～50g（有效成分9.6～12g），对水40～50L，土壤喷雾。地膜覆盖棉田需降低用量，每667m²使用24％乙氧氟草醚乳油20～25g（有效成分4.8～6g）。⑤敌草隆、扑草净、仲丁灵、敌草胺等均已在棉田登记，使用剂量及地区查询http://www.chinapesticide.gov.cn。

2）棉花苗后茎叶处理：①杂草3～5叶期，每667m²用10％乙羧氟草醚30～40g（有效成分3～4g），对水20～30L，在棉花行间对靶定向喷雾。②棉花植株高30cm以上或现蕾期后，每667m²用41％草甘膦异丙胺盐水剂100～200g（有效成分41～82g），对水20～30L，在棉花行间定向喷雾。定向喷雾时需压低喷头，加保护罩，以免雾滴飘移到棉花叶片上而产生药害。③每667m²用10％嗪草硫醚水剂20～30g（有效成分2～3g），对水20～30L，在棉花行间定向茎叶喷雾。

（2）农业防治。水旱轮作可以加速胜红蓟种子腐烂的速度，是行之有效的农业防治措施。

（3）人工防治。①控制杂草种子入田。清除地边、路旁的杂草，防止种子扩散；施用充分腐熟的农家肥，以减少田间杂草种子来源。②结合农事活动人工除草。在杂草萌发后或生长期人工拔除或铲除，或结合间苗、施肥、农耕等剔除杂草。

（4）加强检疫。胜红蓟为入侵性杂草，在种子调运、包装物、肥料及其他农用物资运输过程中，需加强检疫，防止该种子进入未发生地区。

16 刺儿菜

概述

刺儿菜 [*Cephalanoplos segetum*(Bunge)Kitam.]，菊科，蓟属。别名：小蓟。广布全国，中度为害，近年有加重的趋势。

形态特征

株高30～50cm。茎直立，幼茎被白色蛛丝状毛，有棱，单叶互生，缘具刺状齿，基生叶早落，下部和中部叶椭圆状披针形，长7～10cm，宽1.5～2.5cm，两面被白色蛛丝状毛，中、上部叶有时羽状浅裂（图3-29）。雌雄异株，雄株头状花序较小。雌株花序较大，总苞片多层，外层甚短，中层以内先端长渐尖，具刺；花冠紫红色，雄花花冠长15～20mm，其中花冠裂片长10mm，雌花花冠长25mm，其中裂片长5mm；花药紫红色，雌花退化雄蕊存在，长约2mm（图3-30）。瘦果椭圆形或长卵形，略扁，表面浅黄色至褐色，有波状横皱纹，每面具1条明显的纵脊，顶端截形；冠毛白色，羽毛状，脱落性。

图3-29 刺儿菜苗期

图3-30 刺儿菜花期

多年生草本。双子叶杂草。苗期3～4月，花果期5～9月。地下有直根和水平生长产生不定芽的根。不定芽或种子繁殖。如切断水平生长的根，则每段都能萌生成新株。

防治要点

（1）化学防除。选择性除草剂防除难度大。棉花苗后茎叶定向喷雾处理可用草甘膦，在棉花植株高30cm以上或现蕾期后，每667m²用41%草甘膦异丙胺盐水剂200～300g（有效成分82～123g），对水20～30L，在棉花行间定向喷雾。定向喷雾时需压低喷头，加保护罩，以免雾滴飘移到棉花叶片上而产生药害。刺儿菜也可在棉花收获后喷草甘膦防治。

（2）机械防治。在棉花播种（移栽）前，深翻可铲除刺儿菜地下茎；棉花出苗前及生育期内，利用农机具或农业机械进行耕、耙或中耕松土，控制刺儿菜发生。

（3）生态调控。采用薄膜覆盖，提高膜下温度、增加湿度、减少气体交换，使杂草窒息死亡。

17 大刺儿菜

概述

大刺儿菜 [*Cephalanoplos setosum* (Willd.) Kitam.]，菊科，刺儿菜属。别名：

大蓟。分布于东北、华北地区及陕西、甘肃、宁夏、青海、四川和江苏等省份，轻度发生。

形态特征

株高40～100cm，具纵条棱，近无毛或疏被蛛丝状毛，上部有分枝。下部叶及中部叶长圆形、椭圆形至椭圆状披针形，先端钝，有刺尖；边缘有缺刻状粗锯齿或羽状浅裂，有细刺，上面绿色，背面被蛛丝状毛（图3-31）。雌雄异株，头状花序多数集生于茎上部，排列成疏松的伞房状；总苞钟形，内层者较长，线状披针形，雌性管状花冠紫红色，长17～19mm，花冠管长度为檐部的4～5倍，花冠深裂至檐部的基部（图3-32）。瘦果倒卵形或长圆形，具四棱，长2.5～3.5mm，浅褐色；冠毛羽状，白色或基部褐色，果熟时，冠毛长达30mm。

图3-31　大刺儿菜苗期　　　　　图3-32　大刺儿菜花期

多年生草本。双子叶杂草。苗期3～4月，花果期5～9月。地下有直根和水平生长产生不定芽的根。不定芽或种子繁殖。

防治要点

（1）化学防除。选择性除草剂防除难度大。棉花苗后茎叶定向喷雾处理可用草甘膦，在棉花植株高30cm以上或现蕾期后，每667m²用41%草甘膦异丙胺盐水剂200～300g（有效成分82～123g），对水20～30L，在棉花行间定向喷雾。定向喷雾时需压低喷头，加保护罩，以免雾滴飘移到棉花叶片上而产生药害。大刺儿菜也可在棉花收获后喷施草甘膦防治。

（2）其他防治方法。在棉花播种（移栽）前，可深翻铲除地下直根、不定根、不定芽；棉花出苗前及生育期内，利用农机具或农业机械进行耕、耙或中耕松土，控制其发生。

18 小飞蓬

概述

小飞蓬 [*Conyza canadensis* (L.) Cronq.]，菊科，白酒草属。别名：小白酒草、加拿大蓬、飞蓬、小蓬草。广布全国。轻度发生。

形态特征

株高40～120cm。茎直立，有细条纹及脱落性疏长毛，上部多分枝。基部叶近匙形；上部叶线形或线状披针形，全缘或有齿裂，边缘有睫毛（图3-33）。头状花序直径4～5mm，有短梗，再密集成圆锥状或伞房状圆锥花序；头状花序外围花雌性，细筒状，长约3mm，先端有舌片，白色或紫色；管状花位于花序内方，长约2.5mm，檐部4齿裂，稀少为3齿裂（图3-34）。瘦果长圆形，长1.2～1.5mm，稍扁平，淡褐色，被微毛；冠毛刚毛状，长2.5～3mm，污白色。

图3-33 小飞蓬苗期   图3-34 小飞蓬花期

1年生或2年生草本。双子叶杂草。花果期7～10月。种子繁殖，以幼苗或种子越冬。

防治要点

（1）化学防除。棉田常用选择性除草剂不易防除。①棉花播种后出苗前土壤处理。每667m²用50％敌草隆可湿性粉剂120～150g（有效成分60～75g），对水40～50L，在棉花播前或播后苗前土壤喷雾；②棉花苗后茎叶处理。棉花植株高30cm以上或现蕾期后，田间杂草已出苗，每667m²用200g/L草铵膦水剂450～600g（有效成分90～120g），对水20～30L，在棉花行间定向喷雾。定向

喷雾时需压低喷头，加保护罩，以免雾滴飘移到棉花叶片上而产生药害。草铵膦也可在棉花播种前1周灭生性除草，剂量同上。小飞蓬对草甘膦敏感性较差。

（2）人工防治。①控制杂草种子入田。清除地边、路旁杂草，使用腐熟有机肥，防止种子扩散，减少田间杂草来源。②结合农事活动人工除草。在杂草萌发后或生长期人工拔除或铲除，或结合间苗、施肥、农耕等剔除杂草。

（3）生态调控。采用薄膜覆盖，可提高膜下温度、增加湿度、减少气体交换，使杂草窒息死亡。植物秸秆覆盖，靠遮光及物理作用减少杂草种子发芽、出苗。

（4）机械防治。在棉花播种（移栽）前、出苗前及生育期内，利用农机具或农业机械进行耕、耙或中耕松土，直接杀死、刈割或铲除杂草。

19 鳢肠

概述

鳢肠 [*Eclipta prostrata* (L.) L.]，菊科，鳢肠属。别名：墨旱莲、旱莲草。广布全国各棉区，轻度至中度发生。

形态特征

株高20～40cm。茎直立，下部伏卧，节处生根，疏被糙毛，全株具褐色水汁。叶对生，叶片椭圆状披针形，全缘或略有细齿，基部渐狭而无柄，两面被糙毛（图3-35）。头状花序有梗，直径5～10mm；总苞5～6层，绿色，被糙毛；外围花舌状，白色，雌性；中央花管状，4裂，黄色，两性（图3-36）。全株干后常变为黑褐色。瘦果黑褐色，顶端平截，长约3mm，由舌状花发育成的果实具三棱，较狭窄；由管状花发育成的呈扁四棱状，较肥短，表面有明显的小瘤状突起，无冠毛。

图3-35　鳢肠苗期

图3-36　鳢肠花、果期

1年生草本。双子叶杂草。苗期5～6月，花期7～8月，果期8～11月。种子繁殖。

防治要点

（1）化学防除。

1）棉花播种（移栽）前或播种后出苗前土壤处理：对棉田常用土壤处理除草剂不太敏感。①每667m²用900g/L乙草胺乳油80～100g（有效成分72～90g），对水40～50L，土壤喷雾。②每667m²用960g/L精异丙甲草胺乳油50～85g（有效成分48～81.6g），对水40～50L，土壤喷雾。③每667m²用33%二甲戊灵乳油150～200g（有效成分49.5～66g），对水40～50L，做土壤处理，施药后浅混土。上述药剂，在地膜棉田采用整地—播种—施药—覆膜的操作程序。④敌草隆、扑草净、乙氧氟草醚、仲丁灵、敌草胺等均已在棉田登记，使用剂量查询http://www.chinapesticide.gov.cn。

2）棉花苗后茎叶处理：①杂草3～5叶期，每667m²用10%乙羧氟草醚30～40g（有效成分3～4g），对水20～30L，在棉花行间对靶定向喷雾；②棉花植株高30cm以上或现蕾期后，每667m²用41%草甘膦异丙胺盐水剂100～200g（有效成分41～82g），对水20～30L，在棉花行间定向喷雾。定向喷雾时需压低喷头，加保护罩，以免雾滴飘移到棉花叶片上而产生药害。

（2）人工防治。①控制杂草种子入田。清除地边、路旁杂草，使用腐熟有机肥，防止种子扩散，减少田间杂草来源。②结合农事活动人工除草。在杂草萌发后或生长期人工拔除或铲除，或结合间苗、施肥、农耕等剔除杂草。鳢肠人工拔除后可作为中药材利用。

（3）生态调控。采用薄膜覆盖，可提高膜下温度、增加湿度、减少气体交换，使杂草窒息死亡。植物秸秆覆盖，靠遮光及物理作用减少杂草种子发芽、出苗。

（4）机械防治。在棉花播种（移栽）前、出苗前及生育期内，利用农机具或农业机械进行耕、耙或中耕松土，直接杀死、刈割或铲除杂草。

20　飞机草

概述

飞机草（*Eupatorium odoratum* L.），菊科，香泽兰属。别名：香泽兰、占地方草、先锋草。分布于华南地区棉田，轻度为害。

形态特征

株高 1～3m。茎直立，有细条纹，被稠密黄色茸毛或短柔毛。叶对生，卵形、三角形或卵状三角形，长 4～10cm，宽 1.5～5cm，两面粗涩，被长柔毛及红棕色腺点，基部平截或浅心形或宽楔形，顶端急尖，基出三脉，边缘有稀疏粗大而不规则的锯齿，叶柄长 1～2cm。头状花序小，在枝端排列成伞房或复伞房花序（图3-37）。总苞圆柱形，长 1cm，宽 4～5mm，约含 20 朵小花；总苞片

图3-37　飞机草花期

3～4层，覆瓦状排列，外层总苞片卵形，外被短柔毛，中层及内层总苞片长圆形。花冠淡黄色，长约 5mm，雌蕊柱头粉红色。瘦果黑褐色，长 4mm，5棱，沿棱有稀疏白色紧贴的短柔毛；冠毛较花冠稍长。

多年生半灌木。双子叶杂草。花期 11 月至翌年 2 月，果期 1～4 月。主要以种子繁殖。

防治要点

（1）化学防除。

1）棉花播种（移栽）前或播种后出苗前土壤处理：对棉田常用土壤处理除草剂较敏感。①每 667m² 用 900g/L 乙草胺乳油 80～100g（有效成分 72～90g），对水 40～50L，土壤喷雾。②每 667m² 用 960g/L 精异丙甲草胺乳油 50～85g（有效成分 48～81.6g），对水 40～50L，土壤喷雾。③棉花播前或播后苗前，每 667m² 施用 33%二甲戊灵乳油 150～200g（有效成分 49.5～66g），对水 40～50L，土壤处理，药后浅混土。④每 667m² 用 24%乙氧氟草醚乳油 40～50g（有效成分 9.6～12g），对水 40～50L，土壤喷雾。地膜覆盖棉田需降低用量，每 667m² 用 24%乙氧氟草醚乳油 20～25g（有效成分 4.8～6g）。⑤敌草隆、扑草净、仲丁灵、敌草胺等均已在棉田登记，使用剂量及地区查询 http://www.chinapesticide.gov.cn。

2）棉花苗后茎叶处理剂：①杂草 3～5 叶期，每 667m² 用 10%乙羧氟草醚 30～40g（有效成分 3～4g），对水 20～30L，在棉花行间对靶定向喷雾。②棉花植株高 30cm 以上或现蕾期后，每 667m² 用 41%草甘膦异丙胺盐水剂 100～200mL（有效成分 41～82g），对水 20～30L，在棉花行间定向喷雾。定向喷雾时需压低喷头，加保护罩，以免雾滴飘移到棉花叶片上而产生药害。③每 667m² 用 10%嘧草硫醚水剂 20～30g（有效成分 2～3g），对水 20～30L，在棉花行间

定向茎叶喷雾。

（2）农业防治。水旱轮作可以加速飞机草种子腐烂的速度，是行之有效的农业防治措施。

（3）人工防治。①控制杂草种子入田。清除地边、路旁的杂草，防止种子扩散；施用腐熟的农家肥，以减少田间杂草种子来源。②结合农事活动人工除草。在杂草萌发后或生长期人工拔除或铲除，或结合间苗、施肥、农耕等剔除杂草。

（4）生物防治。释放香泽兰灯蛾能够在一定程度上控制飞机草的为害。

（5）加强检疫。飞机草为入侵性杂草，在种子调运、包装物、肥料及其他农用物资运输过程中，需加强检疫，防止该种子进入其他地区。

21 辣子草

概述

辣子草（*Galinsoga parviflora* Cav.），菊科，牛膝菊属。别名：牛膝菊。主要分布于长江流域及以南棉区，轻度为害。

形态特征

株高10～80cm。茎单一或于下部分枝，分枝斜伸，被长柔毛状伏毛。叶对生，具柄，叶柄长1～2cm，于茎顶柄渐短至近于无柄，被长柔毛状伏毛；叶片卵形、卵状披针形至披针形，长1.5～5.5cm，宽1.2～3.5cm，叶基圆形、宽楔形至楔形，顶端渐尖，基出三脉或不明显的五脉，边缘具钝锯齿或低平的疏锯齿，齿尖具胼胝体，叶片两面均被长柔毛状伏毛，于叶脉处较密。头状花序半球形至宽钟形，下具长5～15mm的花序梗，于茎顶排列成伞房状（图3-38）。总苞片2层，5～7片，卵状三角形，顶端及边缘膜质，边缘有细睫毛。托片倒卵形、倒披针形或长圆状倒披针形，顶端三裂或不裂或仅侧裂。舌状花4～5朵，舌片白色，长1.2mm，顶端三齿裂，筒部细管状，长约1mm，被白色柔毛；冠毛粗毛状，长仅为花冠筒的1/3。管状花冠黄色，长约1mm，先端五裂，下部被白色柔毛；冠毛线形，长1～1.3mm，较花冠筒为长，边缘流苏状，固着在冠毛环上。瘦果楔形，压扁，长1.5～2mm；舌状花瘦果具3棱，管状花瘦果4～5

图3-38　辣子草花期

127

棱，上被白色的糙毛；舌状花瘦果上冠毛常脱落，管状花瘦果上流苏状冠毛宿存。1年生草本。双子叶杂草。花果期7～10月。种子繁殖。

防治要点

化学防除、农业防治、人工防治参见"飞机草"。

22 花花柴

概述

花花柴 [*Karelinia caspica* (Pall.) Less.]，菊科，花花柴属。别名：胖姑娘娘。分布于新疆棉区，轻度为害。

形态特征

株高50～100（150）cm，粗壮，中空，茎多分枝。叶互生，近肉质，无柄，叶片长圆状卵形或长圆形，顶端圆钝或急尖，基部有圆形或戟形的小耳，抱茎，全缘或具不规则的短齿（图3-39）。头状花序长13～15mm，常3～7个于枝顶排列成伞房状，总苞片约5层，被短毡毛；花序托平，有托毛；花紫红色或黄色，外围花雌性，花冠丝状，中央花两性，花冠细管状，冠毛多层（图3-40）。瘦果圆柱形，长约1.5mm，基部较狭窄，深褐色；冠毛白色，长7～9mm；雌花冠毛为纤细的微糙毛；雄花冠毛顶端粗厚，有细齿。

多年生草本。双子叶杂草。以根芽和种子繁殖，根芽于4～5月萌发，实生苗出土稍晚。花果期6～10月，种子于7月即渐次成熟飞散。

图3-39　花花柴成株期

图3-40　花花柴花期

防治要点

（1）化学防除。选择性除草剂防除难度大。棉花苗后茎叶定向喷雾处理可用草甘膦，在棉花株高30cm以上或现蕾期后，每667m²用41%草甘膦异丙胺盐水剂200～300g（有效成分82～123g），对水20～30L，在棉花行间定向喷雾。定向喷雾时需压低喷头，加保护罩，以免雾滴飘移到棉花叶片上而产生药害。花花柴也可在棉花收获后喷施草甘膦防治。

（2）其他防治方法。在棉花播种（移栽）前，可采用深翻铲除地下根芽；棉花出苗前及生育期内，利用农机具或农业机械进行耕、耙或中耕松土，控制其发生。

23 蒙山莴苣

概述

蒙山莴苣 [*Lactuca tatarica* (L.) C.A.Mey]，菊科，乳苣属。别名：鞑靼山莴苣、紫花山莴苣、苦苦菜。分布于新疆棉田，轻度为害。

形态特征

高10～70cm，具长根状茎，植株全体含乳汁。茎直立，具纵棱，不分枝或上部分枝。基生叶与茎下部叶灰绿色，稍肉质，长椭圆形、矩圆形或披针形，基部渐狭成具翅的短叶柄，柄基半抱茎；叶片具不规则的羽状或倒羽状浅裂或深裂，侧裂片三角形，边缘具细小的刺齿，茎中部叶少分裂或全缘，茎上部叶较小，披针形或条状披针形，无柄，有时全缘（图3-41）。圆锥花序，上生多数头状花序，梗不等长；总苞片3层，带紫红色，边缘狭膜质，花全为舌状，两性，紫色或淡紫色（图3-42）。瘦果长椭圆形，长约5mm，灰色或黑色，不压扁或稍压扁，具5～7条纵肋，并有1mm长的短喙，冠毛单毛状，白色。

多年生草本。双子叶杂草。5月初返青，花果期6～9月。

防治要点

（1）化学防除。选择性除草剂防除难度大。棉花苗后茎叶定向喷雾处理可用草甘膦，在棉花植株高30cm以上或现蕾期后，每667m²用41%草甘膦异丙胺盐水剂200～300g（有效成分82～123g），对水20～30L，在棉花行间定向喷雾。定向喷雾时需压低喷头，加保护罩，以免雾滴飘移到棉花叶片上而产生药害。蒙山莴苣也可在棉花收获后喷施草甘膦防治。

图3-41 蒙山莴苣苗期

图3-42 蒙山莴苣花期

（2）机械防治。在棉花播种（移栽）前，深翻可铲除蒙山莴苣地下茎；棉花出苗前及生育期内，利用农机具或农业机械进行耕、耙或中耕松土，控制杂草发生。

（3）生态调控。采用薄膜覆盖，提高膜下温度、增加湿度、减少气体交换，使杂草窒息死亡。

24 风毛菊

概述

风毛菊 [*Saussurea japonica* (Thunb.) DC.]，菊科，风毛菊属。别名：日本风毛菊。分布于新疆棉区及黄淮流域棉区，轻度为害。

形态特征

株高50～150cm，粗壮，上部分枝，被短微毛和腺点。基生叶和茎下部叶有长柄，长圆形或椭圆形，长20～30cm，羽状半裂至深裂，裂片7～8对，顶裂片长圆状披针形，侧裂片狭长圆形，顶端钝，两面有短微毛和腺点；茎上部叶渐小，椭圆形，披针形或线状披针形，羽状分裂或全缘（图3-43）。头状花序在茎枝顶排列成密伞状；总苞筒状，被蛛丝状毛；总苞片6层，外层短小，卵形，顶端钝，中层至内层线状披针形，顶端有膜质、圆形、具小齿的附片，常带紫红色，小花紫红色，花冠长10～14mm（图3-44）。瘦果近楔形，长3～4mm，褐色；冠毛淡褐色，外层短，糙毛状，内层羽毛状。

2年生草本。双子叶杂草。花期9～10月。种子繁殖。

图 3-43 风毛菊苗期

图 3-44 风毛菊花期

防治要点

参见"蒙山莴苣"。

25 豨莶

概述

豨莶（*Siegesbeckia orientalis* L.），菊科，豨莶属。别名：肥猪草、黏苍子、黏糊菜。在长江流域及其以南各省份发生，轻度为害。

形态特征

株高 30～100cm，全部分枝被白色短柔毛。茎中部叶三角状卵形或卵状披针形，长 4～10cm，宽 2～6.5cm，两面均被毛，下面有腺点，边缘有不规则的粗齿，基部宽楔形下延成具翅叶柄，叶基三出脉（图 3-45）。头状花序直径 1.5～1.8cm，多数头状花序排成圆锥状（图 3-46）。总苞片 2 层，背面密被紫褐色头状具柄腺毛，内层卵状长圆形，外层线状匙形。舌状花，很短，黄色，雌性，先端 3 裂；筒状花两性，黄色。瘦果倒卵形，长 3～3.5mm，黑褐色，无冠毛。

1 年生草本。双子叶杂草。花期 4～9 月，果期 6～11 月。种子繁殖。

防治要点

（1）化学防除。豨莶对棉田常用土壤处理除草剂及茎叶处理除草剂不敏感。棉花苗后定向茎叶处理：①棉花植株高 30cm 以上或现蕾期后，每 667m^2 用 41%

图3-45　豨莶苗期

图3-46　豨莶花期

草甘膦异丙胺盐水剂100～200g（有效成分41～82g），对水20～30L，在棉花行间定向喷雾；②棉花植株高30cm以上或现蕾期后，田间杂草已出苗，每667m²用200g/L草铵膦水剂450～600g（有效成分90～120g），对水20～30L，在棉花行间定向喷雾；③杂草3～5叶期，每667m²用10%乙羧氟草醚乳油30～40g（有效成分3～4g），对水20～30L，在棉花行间对靶定向喷雾。定向喷雾时需压低喷头，加保护罩，以免雾滴飘移到棉花叶片上而产生药害。

（2）人工防治。①控制杂草种子入田。清除地边、路旁的杂草，防止种子扩散，以减少田间杂草来源。用杂草沤制农家肥时，应将含有杂草种子的肥料用塑料薄膜覆盖，高温堆沤2～4周，使种子丧失发芽力后再施入田间。②结合农事活动人工除草。在杂草萌发后或生长期人工拔除或铲除，或结合间苗、施肥、农耕等剔除杂草。

（3）生态调控。采用薄膜覆盖，可提高膜下温度、增加湿度、减少气体交换，使杂草窒息死亡。植物秸秆覆盖，靠遮光及物理作用减少杂草种子发芽、出苗。

（4）机械防治。在棉花播种（移栽）前、出苗前及生育期内，利用农机具或农业机械进行耕、耙或中耕松土，直接杀死、刈割或铲除杂草。

26　苣荬菜

概述

苣荬菜（*Sonchus brachyotus* DC.），菊科，苦苣菜属。别名：曲荬菜。广布全国各棉区，区域性的恶性杂草。

形态特征

株高30～100cm，植株全体含乳汁。茎上部分枝或不分枝，绿色或带紫红色，有条棱。基生叶簇生，有柄，茎生叶互生，无柄，基部抱茎；叶片长圆状披针形或宽披针形，长6～20cm，宽1～3cm，边缘有稀疏缺刻或羽状浅裂，缺刻或裂片上有尖齿，两面无毛，绿色或蓝绿色，幼时常带红色，中脉白色，宽而明显（图3-47）。头状花序顶生，直径2～4cm；花序梗与总苞均被白色绵毛；总苞钟状，苞片3～4层，外层短于内层；花全为舌状花，鲜黄色（图3-48）。瘦果长椭圆形，长2～3mm，宽0.7～1.3mm，淡褐色至黄褐色，无光泽，有纵棱，两端均为截形；冠毛白色，易脱落。

图3-47 苣荬菜苗期

图3-48 苣荬菜花序

多年生草本。双子叶杂草。以根茎和种子繁殖。根茎质脆易断，每个断体都能长成新的植株，耕作或除草更能促进其萌发。4～5月出苗，终年不断，花果期6～10月，种子于7月即渐次成熟飞散，秋季或翌年春季萌发，第二至三年抽茎开花。

防治要点

（1）化学防除。选择性除草剂防除难度大。棉花苗后茎叶定向喷雾处理可用草甘膦，在棉花株高30cm以上至现蕾期，每667m²用41%草甘膦异丙胺盐水剂200～300g（有效成分82～123g），对水20～30L，在棉花行间定向喷雾。定向喷雾时需压低喷头，加保护罩，以免雾滴飘移到棉花叶片上而产生药害。苣荬菜也可在棉花收获后喷施草甘膦防治。喷药时加喷雾助剂可提高防治效果。

（2）机械防治。在棉花播种（移栽）前，深翻可铲除苣荬菜地下茎；棉花出苗前及生育期内，利用农机具或农业机械进行耕、耙或中耕松土，控制苣荬菜发生。

（3）生态调控。采用薄膜覆盖，提高膜下温度、增加湿度、减少气体交换，使杂草窒息死亡。

27 苍耳

概述

苍耳（*Xanthium sibiricum* Patrin.），菊科，苍耳属。别名：老苍子、虱麻头、青棘子。广布全国，棉田轻度发生。

形态特征

株高30～150cm，茎直立。叶互生，具长柄；叶片三角状卵形或心形，长4～10cm，宽5～12cm，先端锐尖或稍钝，基部近心形或截形，叶缘有缺刻及不规则的粗锯齿，两面被贴生的糙伏毛，叶基三出脉（图3-49）。头状花序腋生或顶生，花单性，雌雄同株；雄花序球形，黄绿色，直径4～6mm，近无梗，密生柔毛，集生于花轴顶端；雌性头状花序生于叶腋，椭圆形，外层总苞片小，长约3mm，分离，披针形，内层总苞片结合成囊状外生钩状刺，先端具2喙，内含2花，无花瓣，花柱分枝丝状（图3-50）。聚花果宽卵形或椭圆形，长12～15mm，宽4～7mm，外具长1～1.5mm的钩刺，淡黄色或浅褐色，坚硬，顶端有2喙；聚花果内有2个瘦果，倒卵形，长约1cm，灰黑色。

图3-49 苍耳苗期

图3-50 苍耳花、果期

1年生双子叶杂草。苗期4～5月，花果期7～9月。种子繁殖。

防治要点

（1）化学防除。苍耳对多种除草剂不敏感，防除难度较大。棉花苗后茎叶定向喷雾处理：①棉花植株高30cm以上或现蕾期后，田间杂草已出苗，每667m²用200g/L草铵膦水剂450～600g（有效成分90～120g），对水20～30L，在棉花行间定向喷雾；②在棉花植株高30cm以上至现蕾期，每667m²用41%草甘膦异丙胺盐水剂150～200g（有效成分61.5～82g），对水20～30L，在棉花行间定向喷雾；③每667m²用10%嘧草硫醚水剂20～30g（有效成分2～3g），对水20～30L，在棉花行间定向茎叶喷雾。定向喷雾时需压低喷头，加保护罩，以免雾滴飘移到棉花叶片上而产生药害。上述药剂也可在棉花播种前1周灭生性除草。

（2）人工防治。①控制杂草种子入田。清除地边、路旁杂草，使用腐熟有机肥，防止种子扩散，减少田间杂草来源。②结合农事活动人工除草。在杂草萌发后或生长时期直接进行人工拔除或铲除，或结合间苗、施肥、农耕等剔除杂草。

（3）生态调控。采用薄膜覆盖，可提高膜下温度、增加湿度、减少气体交换，使杂草窒息死亡。植物秸秆覆盖，靠遮光及物理作用减少杂草种子发芽、出苗。

28 打碗花

概述

打碗花（*Calystegia hederacea* Wall. ex Roxb），旋花科，打碗花属。别名：小旋花、圆葫芦苗。广布全国棉区，局部为害较重。

形态特征

茎蔓生、缠绕或匍匐，自基部分枝，有棱角，无毛。叶互生，长叶柄，基部叶全缘，近椭圆形，长1.5～4.5cm，宽2～3cm，基部心形；茎上部的叶三角状戟形，先端钝尖，基部戟形或截形（图3-51）。花单生叶腋，花梗具棱角；苞片2，卵圆形，包围花萼，宿存，萼片5，矩圆形，稍短于苞片，基部膨大，有细鳞毛（图3-52）；花冠漏斗状，粉红色或淡紫色，长2～2.5cm；雄蕊5，花丝基部膨大，具小鳞毛；子房2室，柱头2裂。蒴果，卵圆形，光滑。种子卵圆形，黑褐色。

多年生草本。双子叶杂草。花期5～8月。地下茎及种子繁殖。

防治要点

（1）化学防除。打碗花对多种除草剂不敏感，地下茎防除难度较大。棉花

图 3-51　打碗花苗期　　　　　　　　　图 3-52　打碗花花期

苗后茎叶定向喷雾处理：①棉花株高30cm以上或现蕾期后，田间杂草已出苗，每667m²用200g/L草铵膦水剂450～600g（有效成分90～120g），对水20～30L，在棉花行间定向喷雾；②在棉花植株高30cm以上或现蕾期后，每667m²用41%草甘膦异丙胺盐水剂150～200g（有效成分61.5～82g），对水20～30L，在棉花行间定向喷雾；③每667m²用10%嗪草硫醚水剂20～30g（有效成分2～3g），对水20～30L，在棉花行间定向茎叶喷雾。定向喷雾时需压低喷头，加保护罩，以免雾滴飘移到棉花叶片上而产生药害。上述药剂也可在棉花播种前1周灭生性除草。

（2）人工防治。结合农事活动人工除草。在杂草萌发后或生长期人工拔除或铲除，或结合间苗、施肥等农耕措施剔除杂草。对锄断的打碗花地下茎需带出田外，经高温、暴晒后可失去发芽能力。

（3）生态调控。采用薄膜覆盖，可提高膜下温度、增加湿度、减少气体交换，使杂草窒息死亡。植物秸秆覆盖，靠遮光及物理作用减少杂草种子发芽、出苗。

29　田旋花

概述

田旋花（*Convolvulus arvensis* L.），旋花科，旋花属。别名：中国旋花、箭叶旋花。新疆棉区危害较重。

形态特征

茎蔓生或缠绕，具条纹或棱角，上部有疏柔毛。叶互生，戟形，长2.5～5cm，宽1～3.5cm，全缘或3裂，中裂片大，卵状长圆形至披针状长圆形，先端钝或具小短尖头，侧裂片开展，呈耳形或戟形，微尖，叶柄长1～2cm，约为叶片的1/3（图3-53）。花序腋生，有花1～3朵，花梗长3～8cm；苞片2，线形，远离萼片；萼片5，卵圆形，边缘膜质，宿存。花冠漏斗状，粉红色，长约2cm，先端5浅裂；雄蕊5，花丝基部具鳞毛；子房2室，柱头2裂，线形（图3-54）。蒴果卵状球形或圆锥形。种子4，卵圆形，无毛，黑褐色。

图3-53 田旋花成株期　　　　　　　　图3-54 田旋花花期

多年生缠绕草本。双子叶杂草。有横生的地下根状茎，花期5～8月，果期6～9月。地下茎及种子繁殖。

防治要点

参见"打碗花"。

30 铁苋菜

概述

铁苋菜（*Acalypha australis* L.），大戟科，铁苋菜属。别名：海蚌含珠。在黄河流域及其以南各省份发生。为害有加重趋势。

形态特征

株高30～60cm。单叶互生，卵状披针形或长卵圆形，先端渐尖，基部楔形，基三出脉明显，叶片长2.5～6cm，宽1.5～3.5cm，叶缘有钝齿；叶柄长1～3cm（图3-55）。穗状花序腋生；花单性，雌雄同株且同序；雌花位于花序下部，花萼3裂，子房球形，有毛，花柱3裂，全花包藏于三角状卵形至肾形的苞片内，苞片靠合时形如蚌，边缘有细锯齿；雄花序较短，位于雌花序上部，萼4

裂，紫红色，雄蕊8枚，花药圆筒形，弯曲（图3-56）。蒴果小，钝三棱状，直径约3～4mm，3室，每室具1粒种子。种子卵球形，灰褐色，长约2mm，表面有极紧密、细微、圆形的小穴；种脐在种阜上方，种阜为一下垂长条状的隆起，白色而透明，约占种子长的1/3；腹面具1条纤细的棱，直达顶端合点区的中央，合点呈圆点状突起。

图3-55　铁苋菜苗期

图3-56　铁苋菜花期

1年生草本。双子叶杂草。苗期4～5月，花期6～8月，果期8～9月。种子繁殖。

防治要点

（1）化学防除。铁苋菜对棉田常用土壤处理除草剂及茎叶处理除草剂不敏感。棉花苗后定向茎叶处理：①棉花植株高30cm以上或现蕾期后，田间杂草已出苗，每667m²用200g/L草铵膦水剂450～600g（有效成分90～120g），对水20～30L，在棉花行间定向喷雾；②棉花植株高30cm以上或现蕾期后，每667m²用41%草甘膦异丙胺盐水剂100～200g（有效成分41～82g），对水20～30L，在棉花行间定向喷雾。定向喷雾时需压低喷头，加保护罩，以免雾滴飘移到棉花叶片上而产生药害。

（2）人工防治。①控制杂草种子入田。清除地边、路旁的杂草，防止种子扩散，以减少田间杂草来源。用杂草沤制农家肥时，应将含有杂草种子的肥料用塑料薄膜覆盖，高温堆沤2～4周，使种子丧失发芽力后再施入田间。②结合农事活动人工除草。在杂草萌发后或生长期人工拔除或铲除，或结合间苗、施肥等剔除杂草。

（3）生态调控。采用薄膜覆盖，可提高膜下温度、增加湿度、减少气体交换，使杂草窒息死亡。植物秸秆覆盖，靠遮光及物理作用可减少杂草种子发芽、出苗。

（4）机械防治。在棉花播种（移栽）前、出苗前及生育期内，利用农机具或农业机械进行耕、耙或中耕松土，直接杀死、刈割或铲除杂草。

31 飞扬草

概述

飞扬草（*Euphorbia hirta* L.），大戟科，大戟属。别名：大奶浆草、大乳汁草、天泡草。分布于华南地区棉田，轻度发生。

形态特征

植株匍匐扩展，长15～40cm，被硬毛，基部多分枝；枝呈红色或淡紫色。叶对生，卵形，卵状披针形或披针状长圆形，长1～4cm，缘有细锯齿或几全缘，先端锐尖，基部圆而偏斜，中央常有紫色斑，两面被短毛，下面及沿脉毛较密。杯状花序多数集成头状花序，腋生；总苞宽钟形，外密被短柔毛，顶端4裂；腺体4，漏斗状，有短柄及花瓣状附属物（图3-57）。蒴果卵状三棱形，被伏短柔毛；种子卵状四棱形，每面有明显横沟。

图3-57 飞扬草花期

1年生草本。双子叶杂草。华南地区4～5月出土，花、果期为8～10月。种子繁殖。

防治要点

（1）化学防除。

1）棉花播种（移栽）前或播种后出苗前土壤处理：① 每667m² 用900g/L乙草胺乳油80～100g（有效成分72～90g），对水40～50L，土壤喷雾；② 每667m² 用960g/L精异丙甲草胺乳油50～85g（有效成分48～81.6g），对水40～50L，土壤喷雾；③ 每667m² 用33%二甲戊灵乳油150～200g（有效成分49.5～66g），对水40～50L，土壤处理，药后浅混土；④ 每667m² 用24%乙氧氟草醚乳油40～50g（有效成分9.6～12g），对水40～50L，土壤喷雾。地膜覆盖棉田需降低用量，每667m² 使用24%乙氧氟草醚乳油20～25g（有效成分4.8～6g）；⑤ 敌草隆、扑草净、仲丁灵、敌草胺等均已在棉田登记，使用剂量及地区查询

http://www.chinapesticide.gov.cn。

2）棉花苗后茎叶处理：①杂草3～5叶期，每667m²用10％乙羧氟草醚30～40g（有效成分3～4g），对水20～30L，在棉花行间对靶定向喷雾；②棉花株高30cm以上或现蕾期后，每667m²用41％草甘膦异丙胺盐水剂100～200g（有效成分41～82g），对水20～30L，在棉花行间定向喷雾。定向喷雾时需压低喷头，加保护罩，以免雾滴飘移到棉花叶片上而产生药害；③棉花植株高30cm以上或现蕾期后，田间杂草已出苗，每667m²用200g/L草铵膦水剂450～600g（有效成分90～120g），对水20～30L，在棉花行间定向喷雾。定向喷雾时需压低喷头，加保护罩，以免雾滴飘移到棉花叶片上而产生药害。

（2）人工防治。①控制杂草种子入田。清除地边、路旁的杂草，防止种子扩散，以减少田间杂草来源。用杂草沤制农家肥时，应将含有杂草种子的肥料用塑料薄膜覆盖，高温堆沤2～4周，使种子丧失发芽力后再施入田间。②结合农事活动人工除草。在杂草萌发后或生长期人工拔除或铲除，或结合间苗、施肥等剔除杂草。

（3）生态调控。采用薄膜覆盖，可提高膜下温度、增加湿度、减少气体交换，使杂草窒息死亡。植物秸秆覆盖，靠遮光及物理作用可减少杂草种子发芽、出苗。

（4）机械防治。在棉花播种（移栽）前、出苗前及生育期内，利用农机具或农业机械进行耕、耙或中耕松土，直接杀死、刈割或铲除杂草。

32 叶下珠

概述

叶下珠（*Phyllanthus urinaria* L.），大戟科，叶下珠属。别名：红珍珠草。分布于长江流域棉区及华南棉区。轻度发生。

形态特征

株高30cm。茎直立，分枝倾卧而后上升，具翅状纵棱，通常紫红色。单叶，2列互生，像羽状复叶（图3-58），叶片长椭圆形，长0.5～1.5cm，宽0.2～0.5cm，先端钝或有小凸尖，基部偏斜，几无叶柄，托叶小，披针形，灰白色，两面无毛。花小，单性，雌雄同株，无花瓣；雄花2～3朵簇生于叶腋，萼片6，雄蕊花盘腺体6，分离，与萼片互生，无退化子房；雌花单生于叶腋，子房表面有小凸刺或小瘤体。蒴果近圆形，无柄，赤褐色，表面有小鳞状凸起物（图3-59）。种子灰褐色，有横槽沟。

图3-58 叶下珠苗期

图3-59 叶下珠果期

1年生草本。双子叶杂草。花期6~8月，果期9~10月。种子繁殖。

防治要点

参见"飞扬草"。

33 甘草

概述

甘草（*Glycyrrhiza uralensis* Fisch.），豆科，甘草属。别名：甜草。分布于新疆棉区及黄淮流域棉区，轻度发生。

形态特征

根和根状茎粗壮，圆柱形，皮红棕色，有甜味。茎直立，多分枝，茎高50~100cm，有白色短毛和刺毛状腺体。羽状复叶；小叶7~17，卵形或宽卵形，长2~5cm，宽1~3cm，先端急尖或钝，基部圆，两面有短毛和腺体。总状花序腋生；花密集。花萼钟状，外有短毛和刺毛状腺体，萼齿5，披针形，外被白色纤毛及褐色腺状鳞片。蝶形花冠紫红色或蓝紫色，长1.4~2.5cm，无毛。荚果狭长圆形，呈

图3-60 甘草荚果期

镰刀状或环状弯曲，密生褐色刺毛状腺体；每荚有种子4～8粒（图3-60）。种子肾形。

多年生草本。双子叶杂草。7月开花，8～9月结果。根芽和种子繁殖。

防治要点

（1）化学防除。选择性除草剂防除难度大。棉花苗后茎叶定向喷雾处理可用草甘膦，在棉花株高30cm以上或现蕾期后，每667m²用41％草甘膦异丙胺盐水剂200～300g（有效成分82～123g），对水20～30L，在棉花行间定向喷雾。定向喷雾时需压低喷头，加保护罩，以免雾滴飘移到棉花叶片上而产生药害。也可在棉花收获后喷施草甘膦防治。

（2）其他防治方法。在棉花播种（移栽）前，可深翻铲除地下根芽；棉花出苗前及生育期内，利用农机具或农业机械进行耕、耙或中耕松土，控制其发生。

34 苘麻

概述

苘麻（*Abutilon theophrasti* Medic），锦葵科，苘麻属。别名：青麻、白麻。广布全国。轻度至中度为害。

形态特征

株高1～2m。茎直立，上部有分枝，具柔毛。叶互生，圆心形，先端尖，基部心形，长5～10cm，两面密生星状柔毛；叶柄长3～12cm（图3-61）。花单生于叶腋，花梗长1～3cm，近端处有节；花萼杯状，5裂；花黄色，花瓣5，倒卵形，长1cm，心皮15～20，排列成轮状（图3-62）。蒴果半球形，直径2cm，分果瓣15～20，有粗毛，具喙，顶端有2长芒，芒长约5mm（图3-62）。种子肾形，具星状毛。成熟时黑褐色。

1年生草本。双子叶杂草。苗期4～5月，花期6～8月，果期8～9月。种子繁殖。

防治要点

（1）化学防除。苘麻对大部分除草剂不敏感，可采用土壤处理加苗后定向喷雾的措施防治。

1）棉花播种（移栽）前或播种后出苗前土壤处理：①每667m²用900g/L乙草胺乳油80～100g（有效成分72～90g），对水40～50L，土壤喷雾；②每

图3-61 苘麻苗期   图3-62 苘麻花果期

667m^{2}用960g/L精异丙甲草胺乳油50~85g（有效成分48~81.6g），对水40~50L，土壤喷雾；③每667m^{2}用33%二甲戊灵乳油150~200g（有效成分49.5~66g），对水40~50L，土壤处理，药后浅混土；④每667m^{2}用24%乙氧氟草醚乳油40~50g（有效成分9.6~12g），对水40~50L，土壤喷雾。地膜覆盖棉田需降低用量，每667m^{2}使用24%乙氧氟草醚乳油20~25g（有效成分4.8~6g）；⑤敌草隆、扑草净、仲丁灵、敌草胺等均在棉田登记，使用剂量及地区查询 http://www.chinapesticide.gov.cn。

2）棉花苗后茎叶处理：①棉花植株高30cm以上或现蕾期后，每667m^{2}用41%草甘膦异丙胺盐水剂100~200g（有效成分41~82g），对水20~30L，在棉花行间定向喷雾。定向喷雾时需压低喷头，加保护罩，以免雾滴飘移到棉花叶片上而产生药害；②棉花植株高30cm以上或现蕾期后，田间杂草已出苗，每667m^{2}用200g/L草铵膦水剂450~600g（有效成分90~120g），对水20~30L，在棉花行间定向喷雾。定向喷雾时需压低喷头，加保护罩，以免雾滴飘移到棉花叶片上而产生药害。

（2）人工防治。①控制杂草种子入田。清除地边、路旁的杂草，防止种子扩散，以减少田间杂草来源。用杂草沤制农家肥时，应将含有杂草种子的肥料用塑料薄膜覆盖，高温堆沤2~4周，使种子丧失发芽力后再施入田间。②结合农事活动人工除草。在杂草萌发后或生长期人工拔除或铲除，或结合间苗、施肥等剔除杂草。

（3）生态调控。采用薄膜覆盖，可提高膜下温度、增加湿度、减少气体交换，使杂草窒息死亡。植物秸秆覆盖，靠遮光及物理作用可减少杂草种子发芽、出苗。

（4）机械防治。在棉花播种（移栽）前、出苗前及生育期内，利用农机具

或农业机械进行耕、耙或中耕松土，直接杀死、刈割或铲除杂草。

35 野西瓜苗

概述

野西瓜苗（*Hibiscus trionum* L.），锦葵科，木槿属。别名：小秋葵、香铃草、山西瓜秧、野芝麻、打瓜花。广布全国。局部为害黄淮海棉田。

形态特征

株高30～60cm。茎柔软，常横卧，具白粗毛。叶互生，下部叶5浅裂，上部叶3深裂，或3～5全裂；裂片倒卵形，通常羽状分裂，裂片具齿，两面具粗刺毛，叶柄细长（图3-63）。花单生于叶腋，结果时花梗延长；副萼片12，条形具缘毛；花萼钟形，淡绿色，裂片5，膜质，三角形，有紫条纹，宿存；花冠淡黄色，内面基部紫色，花瓣5，基部连合，柱头头状，花柱端5裂（图3-64）。蒴果，矩圆状球形，有粗毛，果瓣5。

图3-63　野西瓜苗苗期　　　　　　　图3-64　野西瓜苗花

1年生草本。双子叶杂草。苗期5～6月，花果期7～9月。种子繁殖。

防治要点

参见"苘麻"。

36　平车前

概述

平车前（*Plantago depressa* Willd.），车前科，车前属。别名：车轮菜、车轱辘菜、猪耳朵棵。黄河流域棉区有分布，为害轻。

形态特征

株高5～20cm。有圆柱状直根。基生叶直立或平铺，长卵状披针形或椭圆状披针形，长4～10cm，宽1～3cm，稍钝头，边缘有疏小齿或整齐锯齿，纵脉5～7条，叶柄长1.5～3cm，基部有宽鞘及叶鞘残余（图3-65）。花葶稍弯，长4～11（27）cm，穗状花序，长4～10cm，苞叶三角状卵形，长2mm，和萼裂片均有绿色突起；萼裂片椭圆形，长2mm，花冠裂片椭圆形或卵形，顶端有浅齿，雄蕊4个，稍超出花冠（图3-66）。蒴果，圆锥形，长3mm，周裂。种子4～5粒，短圆形，长约1.5mm，黑棕色。

图3-65　平车前幼苗

图3-66　平车前花期

越年生草本。双子叶杂草。花期6～9月。种子繁殖。

防治要点

参见"苘麻"。

37 萹蓄

概述

萹蓄（*Polygonum aviculare* L.），蓼科，蓼属。别名：猪牙菜、鸟蓼、地蓼、扁竹。广布全国，棉田早期轻度发生。

形态特征

株高10～40cm。茎自基部分枝，匍匐或斜展，有沟纹。叶互生，具短柄或近无柄；叶片狭椭圆形或线状披针形，长1～3cm，宽5～10mm，先端钝或急尖，基部楔形，全缘，两面均无毛，叶基具关节；下部叶的托叶鞘较宽，先端急尖，褐色，脉纹明显，上部叶的托叶鞘膜质，透明，灰白色（图3-67）。花遍生于全株叶腋，常1～5朵簇生；花梗短，顶部具关节；花被5裂，裂片椭圆形，长约2.5mm，暗绿色，边缘带白色或淡红色，雄蕊8，短于花被片；花柱3，柱头头状（图3-68）。瘦果卵状三棱形，长2～3mm，宽约1.5mm，表面暗褐色或黑色，具不明显的细纹状小点，无光泽，稍露出宿存的花被外。

图3-67 萹蓄幼苗

图3-68 萹蓄花期

1年生草本。双子叶杂草。3～4月出苗，花果期5～9月。种子繁殖。

防治要点

参见"苘麻"。

38　叉分蓼

概述

叉分蓼（*Polygonum divaricatum* L.），蓼科，蓼属。别名：酸不溜。分布于我国特早熟棉区，中度为害。

形态特征

株高70~150cm。茎直立或斜升，有细沟纹，疏生柔毛或无毛，常呈叉状分枝，疏散而开展。叶具短柄或近无柄，叶片披针形、椭圆形或长圆形以至长圆状条形，长5~12cm，宽0.5~2cm，先端锐尖、渐尖或微钝，基部渐狭，全缘或略呈波状，两面被疏柔毛或无毛；托叶鞘膜质，淡褐色，脉纹明显，有毛或无毛，常破裂而脱落。圆锥花序顶生，大型，开展；苞片卵形，长2~3mm，膜质，褐色，含2~3花；花梗无毛，上部有关节；花白色或淡黄色，5深裂，裂片椭圆形，大小略相等，开展；雄蕊7~8，比花被短；花柱3，柱头头状（图3-69）。瘦果卵状菱形或椭圆形，具3锐棱；长5~6（7）mm，比花被长约1倍；黄褐色，有光泽。

图3-69　叉分蓼花期

多年生草本。双子叶杂草。苗期4~5月，花果期6~9月。种子繁殖。

防治要点

参见"苘麻"。

39　酸模叶蓼

概述

酸模叶蓼（*Polygonum lapathifolium* L.），蓼科，蓼属。别名：大马蓼、旱苗蓼、斑蓼、柳叶蓼。分布于特早熟棉区、黄河流域及长江流域棉区，轻度为害。

形态特征

株高30～120cm。茎有分枝，无毛。叶互生，具柄，柄上有短刺毛；叶片披针形或宽披针形，长5～12cm，宽1.5～3cm，叶面绿色，全缘，叶缘及主脉覆粗硬毛；托叶鞘筒状，膜质，脉纹明显，无毛。茎和叶上常有新月形黑褐色斑点（图3-70）。花序为数个花穗构成的圆锥状花序；苞片膜质，边缘生稀疏短睫毛；花被4深裂，裂片椭圆形，淡绿色或粉红色；雄蕊6，花柱2，向外弯曲（图3-71）。瘦果圆卵形，扁平，两面微凹，长2～3mm，宽约1.4mm，红褐色至黑褐色，有光泽，包于宿存的花被内。

图3-70　酸模叶蓼苗期

图3-71　酸模叶蓼花期

1年生草本。双子叶杂草。黄河流域4～5月出苗，花果期7～9月。长江流域9月至翌年春季出苗，4～5月花果期。种子繁殖。

防治要点

参见"苘麻"。

40　尼泊尔蓼

概述

尼泊尔蓼（*Polygonum nepalense* Meisn.），蓼科，蓼属。别名：野荞麦草、头状蓼。分布于长江流域棉区。轻度发生。

形态特征

株高20～60cm。茎直立或倾斜，细弱，常分枝。叶片卵形，三角状卵形或卵状披针形，长1.5～7cm，宽1～4cm，翅状，边缘微波状，下面密生黄色腺点，下部叶有长叶柄，上部叶片无柄或柄极短，基部常扩大为耳状；托叶鞘膜质，淡褐色，基部有腺毛及稀疏柔毛。头状花序顶生或腋生，花序轴被腺毛；苞片宽卵圆形，边缘白色，中央绿色，膜质，内含1朵花；花被4裂，裂片长圆形，淡紫红色或白色；雄蕊5～6，与花被近等长；花柱2，柱头头状（图3-72）。

先端渐尖，基部宽楔形并沿叶柄下延呈

图3-72 尼泊尔蓼花期

1年生草本。双子叶杂草。花果期夏秋季。种子繁殖。

防治要点

参见"苘麻"。

41 冬葵

概述

冬葵（*Malva verticillata* Linn.），锦葵科，锦葵属。别名：冬寒菜、野葵、冬苋菜。全国分布，轻度发生。

形态特征

株高50～100cm。茎上有星状长柔毛。单叶互生，叶片肾形至近圆形，掌状5或7浅裂，两面被极疏糙伏毛或几无毛；有长柄，长2～8cm，柄上有毛茸；托叶有星状柔毛。花小，淡红色，簇生于叶腋，近无梗；小苞片3，有细毛；花萼杯状，5齿裂；花瓣5片，倒卵形，先端凹入；雄蕊多数，花丝结合成圆形雄蕊柱；花柱与心皮数相等，子房10～11室，花柱线形（图3-73）。果实扁圆形，直径2～2.5mm，淡黄褐色，果片背面有网纹，有时网纹不明显，网脊较

图3-73 冬葵花期

低，熟时果爿彼此分离并与中轴脱离；种子近圆形，直径约2～2.5mm，红褐色；种脐褐色至黑褐色，位于腹面凹口内，常为残留的珠柄所覆盖。

2年生草本。双子叶杂草。花果期4～10月。种子繁殖。

防治要点

（1）化学防除。

1）棉花播种（移栽）前或播种后出苗前土壤处理：①每667m²用900g/L乙草胺乳油80～100g（有效成分72～90g），对水40～50L，土壤喷雾；②每667m²用960g/L精异丙甲草胺乳油50～85g（有效成分48～81.6g），对水40～50L，土壤喷雾；③每667m²用33%二甲戊灵乳油150～200g（有效成分49.5～66g），对水40～50L，土壤处理，药后浅混土；④每667m²用24%乙氧氟草醚乳油40～50g（有效成分9.6～12g），对水40～50L，土壤喷雾。地膜覆盖棉田需降低用量，每667m²使用24%乙氧氟草醚乳油20～25g（有效成分4.8～6g）；⑤敌草隆、扑草净、仲丁灵、敌草胺等均在棉田登记，使用剂量及地区查询http://www.chinapesticide.gov.cn。

2）棉花苗后茎叶处理：①棉花植株高30cm以上或现蕾期后，每667m²用41%草甘膦异丙胺盐水剂100～200g（有效成分41～82g），对水20～30L，在棉花行间定向喷雾；②杂草3～5叶期，每667m²用10%乙羧氟草醚30～40g（有效成分3～4g），对水20～30L，在棉花行间对靶定向喷雾；③棉花株高30cm以上或现蕾期后，田间杂草已出苗，每667m²用200g/L草铵膦水剂450～600g（有效成分90～120g），对水20～30L，在棉花行间定向喷雾。定向喷雾时需压低喷头，加保护罩，以免雾滴飘移到棉花叶片上而产生药害。

（2）人工防治。①控制杂草种子入田。清除地边、路旁的杂草，防止种子扩散，以减少田间杂草来源。用杂草沤制农家肥时，应将含有杂草种子的肥料用塑料薄膜覆盖，高温堆沤2～4周，使种子丧失发芽力后再施入田间。②结合农事活动人工除草。在杂草萌发后或生长期人工拔除或铲除，或结合间苗、施肥等剔除杂草。

（3）生态调控。采用薄膜覆盖，可提高膜下温度、增加湿度、减少气体交换，使杂草窒息死亡。植物秸秆覆盖，靠遮光及物理作用可减少杂草种子发芽、出苗。

42 丁香蓼

概述

丁香蓼（*Jussiaea linifolia* Vahl），柳叶菜科，丁香蓼属。别名：草龙、水丁香、田蓼草、水油麻。分布于我国华南地区棉田，轻度为害。

形态特征

图3-74 丁香蓼花期

株高20～60cm。茎直立，多分枝，绿色或淡紫色，具3～4纵棱。叶互生，狭条状披针形或长圆状披针形，长2～10cm，先端短尖，基部楔形。花单生于叶腋，黄色，无花梗，萼管长约8mm，裂片4，绿色，披针形，渐尖，长3～4mm。花瓣4，狭长圆状椭圆形，短于萼片，雄蕊8，为萼片数的2倍（图3-74）。蒴果长圆柱形，长2～3cm，直径1～2（3）mm，绿色或淡紫色。种子多数，卵形，淡黄色。

1年生双子叶杂草，喜湿。春季出苗，花、果期夏秋季，开花期长，花后果渐次成熟。种子繁殖。

防治要点

参见"冬葵"。

43 马齿苋

概述

马齿苋（*Portulaca oleracea* L.），马齿苋科，马齿苋属。别名：马蛇子菜、马菜。广布全国各棉区，为棉田恶性杂草，重度为害。

形态特征

全株光滑无毛。茎伏卧，常带暗红色，肉质。单叶互生或近对生，肉质，上表面深绿色，下表面淡绿色或淡红色，叶楔状长圆形或倒卵形，长10～25mm，宽5～15mm，先端钝圆、截形或微凹，有短柄，有时具膜质的托叶（图3-75）。花小，直径3～5mm，无梗，3～5朵生枝顶端；花萼2片；花瓣5片，稀4片，黄色，先端凹，倒卵形；雄蕊10～12枚；花柱顶端4～5裂，成线形；子房半下位，1室，特立中央胎座（图3-76）。蒴果，卵形至长圆形，盖裂。种子多数，细小，直径不及1mm，肾状卵形，压扁，黑色，表面具细小疣状突起，排列成近同心圆状，背面中央有1或2列突起较其他部位细密。种脐大而显，淡褐

图3-75　马齿苋苗期

图3-76　马齿苋花期

色至褐色。胚环状，环绕胚乳。

1年生草本。双子叶杂草。春、夏都有幼苗发生，发生高峰与降雨关系密切，盛夏开花，夏末秋初果熟；果实边熟边开裂，种子散落土壤中，量极大。

防治要点

（1）化学防除。

1）棉花播种（移栽）前或播种后出苗前土壤处理：①每667m²用900g/L乙草胺乳油80～100g（有效成分72～90g），对水40～50L，土壤喷雾。②每667m²用960g/L精异丙甲草胺乳油50～85g（有效成分48～81.6g），对水40～50L，土壤喷雾。③每667m²用33%二甲戊灵乳油150～200g（有效成分49.5～66g），对水40～50L，土壤处理，药后浅混土。④每667m²用24%乙氧氟草醚乳油40～50g（有效成分9.6～12g），对水40～50L，土壤喷雾。地膜覆盖棉田需降低用量，每667m²使用24%乙氧氟草醚乳油20～25g（有效成分4.8～6g）。⑤敌草隆、扑草净、仲丁灵、敌草胺等均在棉田登记，使用剂量及地区查询http://www.chinapesticide.gov.cn。

2）棉花苗后茎叶处理：①杂草3～5叶期，每667m²用10%乙羧氟草醚乳油30～40g（有效成分3～4g），对水20～30L，在棉花行间对靶定向喷雾。②棉花植株高30cm以上或现蕾期后，田间杂草已出苗，每667m²用200g/L，草铵膦水剂450～600g（有效成分90～120g），对水20～30L，在棉花行间定向喷雾。定向喷雾时需压低喷头，加保护罩，以免雾滴飘移到棉花叶片上而产生药害。

（2）人工防治。①控制杂草种子入田。清除地边、路旁的杂草，防止种子扩散，以减少田间杂草来源。用杂草沤制农家肥时，应将含有杂草种子的肥料用塑料薄膜覆盖，高温堆沤2～4周，使种子丧失发芽力后再施入田间。②结合农事活动人工除草。在杂草萌发后或生长期人工拔除或铲除，或结合间苗、施肥等剔除杂草。

（3）生态调控。采用薄膜覆盖，可提高膜下温度、增加湿度、减少气体交换，使杂草窒息死亡。植物秸秆覆盖，靠遮光及物理作用可减少杂草种子发芽、出苗。

44 苦蘵

概述

苦蘵（*Physalis angulata* L.），茄科，酸浆属。别名：灯笼草、灯笼泡、天泡草、小酸浆。主要分布于黄河流域棉区、长江流域棉区和华南棉区，轻度为害。

形态特征

株高30～50cm，具纤细分枝，植株近无毛或仅生稀疏短柔毛。叶片卵形至卵状椭圆形，长3～6cm，宽2～4cm，先端渐尖或急尖，基部阔楔形，全缘或有不等大的牙齿；叶柄长1～5cm（图3-77）。花直径6～8mm；花梗长约5～12mm，被短柔毛；花萼长4～5mm，亦具短柔毛，5裂，裂片披针形；花冠淡黄色，喉部常有紫色斑纹，直径6～8mm；花药蓝紫色（图3-78）。浆果球形，直径约1.2cm，外包以膨大的草绿色宿存花萼；种子肾形或近卵圆形，两侧扁平，长约2mm，淡棕褐色，表面具细网状纹，网孔密而深。

图3-77 苦蘵苗期

图3-78 苦蘵花期

1年生草本。双子叶杂草。苗期4～5月，花果期6～12月。种子繁殖。

防治要点

参见"马齿苋"。

45 龙葵

概述

龙葵（*Solanum nigrum* L.），茄科，茄属。别名：野海椒、野茄秧、老鸦眼子。广布全国各棉区，轻度为害。

形态特征

株高0.3～1m。茎直立，多分枝，绿色或紫色，近无毛或微柔毛。叶卵形，长2.5～10cm，宽1.5～5.5cm，先端短尖，叶基楔形至阔楔形而下延至叶柄，全缘或具不规则的波状粗齿，光滑或两面均被稀疏短柔毛；叶柄长1～2cm（图3-79）。短蝎尾状聚伞花序侧生或腋外生，通常着生4～10朵花；花萼杯状，绿色，5浅裂；花冠白色，辐状，5深裂，裂片卵圆形，长约2mm（图3-80）；花丝短，花药黄色，顶孔向内；子房卵形，花柱中部以下被白色绒毛，柱头小，头状。浆果球形，直径约8mm，成熟时黑色；种子近卵形，两侧压扁，长约2mm，淡黄色，表面略具细网纹及小凹穴（图3-80）。

图3-79　龙葵苗期

图3-80　龙葵花、浆果

1年生草本。双子叶杂草。苗期5～6月，花果期9～10月。种子繁殖。

防治要点

参见"马齿苋"。

46 香附子

概述

香附子（*Cyperus rotundus* L.），莎草科，莎草属。别名：莎草、香头草。广布全国。轻度至中度为害。

形态特征

根状茎匍匐、细长，顶端着生椭圆形棕褐色块茎。秆锐三棱形，直立，散生。叶基生，短于秆；鞘棕色，老时常裂成纤维状。长侧枝聚伞花序简单或复出（图3-81），有3～6个开展的辐射枝，叶状总苞2～3，辐射枝末端穗状花序（图3-82）有小穗3～10；小穗线形，长1～3cm，具花10～30朵；小穗轴有白色透明宽翅，鳞片卵形，长3～3.5mm，膜质，两侧紫红色，中间绿色；雄蕊3，花药长，线形，暗血红色，药隔突出于花药顶端；花柱细长，柱头3，伸出鳞片外。小坚果长圆形，三棱状，横切面三角形，两面相等，另一面较宽，角圆钝，边直或稍凹，长约1.5mm，表面灰褐色，具细点，果脐圆形至长圆形，黄色。

图3-81 香附子聚伞花序　　　　　　图3-82 香附子穗状花序

多年生草本。单子叶杂草。苗期2～4月，花果期5～6月。多以块茎繁殖。

防治要点

（1）化学防除。棉田常用除草剂不易防除。

1）棉花播种（移栽）前或播种后出苗前土壤处理：①每667m²用33%二甲戊灵乳油150～200g（有效成分49.5～66g），对水40～50L，土壤处理，药后浅混土；②每667m²用24%乙氧氟草醚乳油40～50g（有效成分9.6～12g），对水

40～50L，土壤喷雾。地膜覆盖棉田需降低用量，每667m²使用24%乙氧氟草醚乳油20～25g（有效成分4.8～6g）；③敌草隆、扑草净、仲丁灵、敌草胺、乙草胺等均已在棉田登记，使用剂量及地区查询http://www.chinapesticide.gov.cn。

2）棉花苗后茎叶处理：①每667m²用75%氯吡嘧磺隆水分散粒剂5.3～6.7g（有效成分4～5g），对水20～30L，在棉花行间定向茎叶喷雾；②棉花植株高30cm以上或现蕾期后，每667m²用41%草甘膦异丙胺盐水剂100～200g（有效成分41～82g），对水20～30L，在棉花行间定向喷雾；③每667m²用10%嘧草硫醚水剂20～30g（有效成分2～3g），对水20～30L，在棉花行间定向茎叶喷雾。定向喷雾时需压低喷头，加保护罩，以免雾滴飘移到棉花叶片上而产生药害。

（2）人工防治。结合农事活动人工除草。在杂草萌发后或生长期人工拔除或铲除，或结合间苗、施肥等剔除杂草。对锄断的香附子地下球茎需带出田外，经高温、暴晒后方可失去发芽能力。

（3）生态调控。采用薄膜覆盖，可提高膜下温度、增加湿度、减少气体交换，使杂草窒息死亡。植物秸秆覆盖，靠遮光及物理作用可减少香附子出苗。

47 毛臂形草

概述

毛臂形草［*Brachiaria villosa*（Lam.）A. Camus］，禾本科，臂形草属。华南棉区有分布，轻度为害。

形态特征

秆高10～20cm，基部常倾斜，全体密生柔毛。叶鞘被柔毛；叶舌短小，具长约1mm的纤毛；叶片卵状披针形，基部钝圆，长1～3.5cm，宽3～10mm，边缘呈波状皱折，两面密生柔毛（图3-83）。总状花序4～8枚，长1～3cm，主轴与穗轴密生柔毛；小穗卵形，先端尖，长约2.5mm，被短柔毛或几无毛；小穗柄长0.5～1mm，有毛；第一颖长约1mm，具3脉，背部对向穗轴；第二颖具5脉，略短于小穗；第一小花外稃等长于小穗，较狭小，第二小花外稃椭圆形，先端尖，长约2mm，具横细皱纹（图3-84）。颖果。

1年生草本。单子叶杂草。夏秋季抽穗。种子繁殖。

防治要点

（1）化学防除。

1）棉花播种（移栽）前或播种后出苗前土壤处理：①每667m²用900g/L乙草

图 3-83 毛臂形草成株

图 3-84 毛臂形草花

胺乳油80～100g（有效成分72～90g），对水40～50L，土壤喷雾；②每667m²用960g/L精异丙甲草胺乳油50～85g（有效成分48～81.6g），对水40～50L，土壤喷雾；③每667m²用33％二甲戊灵乳油150～200g（有效成分49.5～66g），对水40～50L，土壤处理，药后浅混土；④乙氧氟草醚、敌草隆、扑草净、仲丁灵、敌草胺等均已在棉田登记，使用剂量及地区查询http://www.chinapesticide.gov.cn。

2）棉花苗后茎叶处理：①杂草2叶期至分蘖期前，每667m²用69g/L精噁唑禾草灵水乳剂50～60g（有效成分3.45～4.14g），对水30L，茎叶喷雾；②杂草3～5叶期，每667m²用15％精吡氟禾草灵乳油40～67g（有效成分6～10g），对水30L，茎叶喷雾；③杂草3～5叶期，每667m²用108g/L高效氟吡甲禾灵乳油25～30g（有效成分2.7～3.24g），对水30L，茎叶喷雾；④杂草3～5叶期，每667m²用5％精喹禾灵乳油50～80g（有效成分2.5～4g），对水30L，茎叶喷雾；⑤杂草3～5叶期，每667m²用12.5％烯禾啶乳油80～100g（有效成分10～12.5g），对水30L，茎叶喷雾。

（2）生态调控。采用薄膜覆盖，可提高膜下温度、增加湿度、减少气体交换，使杂草窒息死亡。植物秸秆覆盖，靠遮光及物理作用可减少杂草种子发芽、出苗。

（3）机械防治。在棉花播种（移栽）前、出苗前及生育期内，利用农机具或农业机械进行耕、耙或中耕松土，直接杀死、刈割或铲除杂草。

48 虎尾草

概述

虎尾草（*Chloris virgata* Swartz），禾本科，虎尾草属。别名：棒槌草。广布全国，轻度为害。

形态特征

株高20～60cm。斜伸或基部膝曲，秆丛生，光滑无毛。叶片披针形条状，稍向外折；叶鞘光滑，松弛，多短于节间，背部具脊；叶舌膜质，有小纤毛（图3-85）。穗状花序4～10个或更多，簇生在秆顶，小穗排列在穗轴之一侧，无柄，有2～3朵小花，熟后多带棕色；颖膜质，外颖短于内颖，内颖具短芒；外稃顶端稍下有芒，第一叶外稃具3脉，两边脉上具长柔毛；内稃稍短于外稃，脊上具微纤毛（图3-86）。颖果，纺锤形或狭椭圆形，淡棕色。

图3-85　虎尾草成株　　　　　　　　图3-86　虎尾草穗

1年生草本。单子叶杂草。苗期4～7月，花果期6～9月。种子繁殖。

防治要点

（1）化学防除。

1）棉花播种（移栽）前或播种后出苗前土壤处理：①每667m²用900g/L乙草胺乳油80～100g（有效成分72～90g），对水40～50L，土壤喷雾；②每667m²用960g/L精异丙甲草胺乳油50～85g（有效成分48～81.6g），对水40～50L，土壤喷雾；③每667m²用33％二甲戊灵乳油150～200g（有效成分49.5～66g），对水40～50L，土壤处理，药后浅混土；④乙氧氟草醚、敌草隆、扑草净、仲丁灵、敌草胺等均在棉田登记，使用剂量及地区查询http://www.chinapesticide.gov.cn。

2）棉花苗后茎叶处理：杂草2叶期至分蘖期前使用。①每667m²用69g/L精噁唑禾草灵水乳剂50～60g（有效成分3.45～4.14g），对水30L，茎叶喷雾；②每667m²用15％精吡氟禾草灵乳油40～67g（有效成分6～10g），对水30L，茎叶喷雾；③每667m²用108g/L高效氟吡甲禾灵乳油25～30g（有效成分2.7～

3.24g），对水30L，茎叶喷雾；④每667m²用5%精喹禾灵乳油50～80g（有效成分2.5～4g），对水30L，茎叶喷雾；⑤每667m²用12.5%烯禾啶乳油80～100g（有效成分10～12.5g），对水30L，茎叶喷雾。

（2）生态调控。采用薄膜覆盖，可提高膜下温度、增加湿度、减少气体交换，使杂草窒息死亡。植物秸秆覆盖，靠遮光及物理作用可减少杂草种子发芽、出苗。

（3）机械防治。在棉花播种（移栽）前、出苗前及生育期内，利用农机具或农业机械进行耕、耙或中耕松土，直接杀死、刈割或铲除杂草。

49 马唐

概述

马唐 [*Digitaria sanguinalis* (Linn.) Scop.]，禾本科，马唐属。别名：爬蔓草、热草。广布全国各棉区，为棉田恶性杂草，重度为害。

形态特征

秆高30～80cm，秆丛生，光滑无毛，基部展开或倾斜，着土后节易生根。叶鞘松弛包茎，大部短于节间，无毛或疏生疣基软毛；叶舌膜质，黄棕色，先端钝圆，长1～3mm；叶片线状披针形，长3～17cm，宽3～10mm，两面疏生软毛或无毛（图3-87）。总状花序3～10个，长5～18cm，上部者互生或呈指状排列于茎顶，下部者近于轮生；穗轴宽约1mm，中肋白色，翼绿色；小穗披针形，长3～3.5mm，通常孪生，一具长柄，一具极短的柄或几无柄；第一颖微小，钝三角形，长约0.2mm；第二颖长为小穗的1/2～3/4，狭窄，具不明显的3脉，边缘具纤毛；第一小花外稃与小穗等长，具明显的5～7脉，中部的脉更明显；第二小花几等长于小穗，色淡绿（图3-88）。带稃颖果，第二颖边缘具纤毛，第一

图3-87 马唐苗期

图3-88 马唐花序

外稃侧脉无毛或脉间贴生柔毛。颖果椭圆形，长约3mm，淡黄色或灰白色，脐明显，圆形，胚卵形，长约等于颖果的1/3。

1年生草本。单子叶杂草。苗期4～6月，花果期6～11月。种子繁殖。

防治要点

参见"虎尾草"。

50 稗

概述

稗 [*Echinochloa crusgalli* (L.) Beauv.]，禾本科，稗属。别名：稗子、稗草。广布全国。棉田区域性恶性杂草。

形态特征

秆光滑无毛，高40～120cm。叶条形，宽5～14mm，无叶舌（图3-89）。圆锥花序尖塔形，较开展，粗壮，直立，长14～18cm，主轴具棱，分枝10～20个，长3～6cm，为穗形总状花序，并生或对生于主轴，基部被有疣基硬刺毛，小枝上有小穗4～7个；小穗长3～4mm（芒除外），密集于穗轴的一侧，脉上被疣基刺毛（图3-90）。第一颖三角形长约为小穗的1/3，具3或5脉，第二颖有长尖头，具5脉，与第一小花的外稃近等长；第一花之外稃具5～7脉，先端延伸成0.5～3cm的芒，内稃与外稃近等长，膜质透明；第二小花外稃平凸状，椭圆

图3-89 稗苗期

图3-90 稗 穗

形，长2.5～3mm，平滑光亮，成熟后变硬，顶端具小尖头，边缘内卷，紧包内稃，顶端露出。颖果椭圆形，长2.5～3.5mm，凸面有纵脊，黄褐色。

1年生草本。单子叶杂草。气温10～11℃以上时开始出苗，降雨或耕作后出苗数量增加。花期6～8月，果期7～10月。种子繁殖。

防治要点

参见"虎尾草"。

51 牛筋草

概述

牛筋草 [*Eleusine indica* (L.) Gaertn.]，禾本科，䅟属。别名：栓牛草、蟋蟀草。广布全国各棉区，为黄河流域和长江流域棉田恶性杂草，重度为害。

形态特征

须根较细而稠密，深根性，不易整株拔起。秆丛生，高15～90cm。叶鞘压扁，有脊，无毛或生疣毛，鞘口常有柔毛；叶舌长约1mm，叶片扁平或卷折，长达15cm，宽3～5mm，无毛或表面常被疣基柔毛（图3-91）。穗状花序2～7个，呈指状簇生于秆顶；小穗含3～6小花，长4～7mm，宽2～3mm；颖披针形，有脊，脊上粗糙，第一颖长1.5～2mm；第二颖长2～3mm，革质，具5脉；第一外稃长3～3.5mm，有脊，脊上有狭翼，内稃短于外稃，脊上有小纤毛（图3-92）。囊果，果皮薄，膜质，白色，内包种子1粒；种子呈三棱状长卵形或近椭

图3-91　牛筋草苗期

图3-92　牛筋草穗

圆形，长1～1.5mm，宽约0.5mm，黑褐色，表面具隆起的波状皱纹，纹间有细而密的横纹，背面显著隆起成脊，腹面有浅纵沟。

1年生草本。单子叶杂草。苗期4～5月，花果期6～11月。种子繁殖。

防治要点

参见"虎尾草"。

52 画眉草

概述

画眉草［*Eragrostis pilosa*（L.）P. Beauv.］，禾本科，画眉草属。别名：星星草、蚊子草。广布全国各棉区，轻度为害。

形态特征

秆高15～60cm。秆丛生，直立或基部膝曲上升。叶鞘疏松裹茎，长于或短于节间，扁压，鞘口有长柔毛；叶舌为一圈纤毛，长约0.5mm；叶片线形扁平或内卷，长6～20cm，宽2～3cm，无毛。圆锥花序较开展，长10～25cm，分枝单生、簇生或轮生，腋间有长柔毛；小穗长3～10mm，有4～14小花，成熟后暗绿色或带紫色；颖膜质，披针形，第一颖长约1mm，无脉；第二颖长约1.5mm，具1脉；第一外稃广卵形，长约2mm，具3脉；内稃长约1.5mm，稍作弓形弯曲，脊上有纤毛，迟落或宿存；雄蕊3，花药长约0.3mm（图3-93）。颖果长圆形，长约0.8mm（图3-94）。

1年生草本。单子叶杂草。苗期5～6月，花期8～11月。种子繁殖。

图3-93　画眉草花期

图3-94　画眉草穗

防治要点

参见"虎尾草"。

53 千金子

概述

千金子 [*Leptochloa chinensis* (L.) Nees]，禾本科，千金子属。别名：油草。长江流域棉田恶性杂草，中度至重度为害。

形态特征

根须状。秆高30～90cm，丛生，直立，基部膝曲或倾斜，着土后节上易生不定根，平滑无毛。叶鞘无毛，多短于节间；叶舌膜质，长1～2mm，撕裂状，有小纤毛；叶片扁平或多少卷折，先端渐尖，长5～25cm，宽2～6mm（图3-95）。圆锥花序长10～30cm，主轴和分枝均微粗糙；小穗多带紫色，长2～4mm，有3～7个小花；第一颖长1～1.5mm；第二颖长1.2～1.8mm，短于第一外稃；外稃先端钝，有3脉，无毛或下部有微毛，第一外稃长约1.5mm（图3-96）。颖果长圆形，长约1mm。

图3-95 千金子成株

图3-96 千金子花序

1年生草本。单子叶杂草。苗期5～6月，花果期8～11月。种子繁殖。

防治要点

参见"虎尾草"。

54 金色狗尾草

概述

金色狗尾草 [*Setaria glauca* (L.) Beauv.]，禾本科，狗尾草属。广布全国各棉区，轻度发生。

形态特征

秆高20～90cm。叶片线形，长5～40cm，宽2～10mm，顶端长渐尖，基部钝圆，通常两面无毛或仅于腹面基部疏被长柔毛；叶鞘无毛，下部者压扁具脊，上部者圆柱状；叶舌退化为一圈长约1mm的柔毛（图3-97）。圆锥花序紧缩，圆柱状，长3～17cm，宽4～8mm，主轴被微柔毛；刚毛稍粗糙，金黄色或稍带褐色，长4～8mm；小穗椭圆形，长约3mm，顶端尖，通常在一簇中仅一个发育；第一颖宽卵形，长约为小穗的1/3，顶端尖，具3脉；第二颖长约为小穗的1/2，顶端钝，具5～7脉；第一小花雄性，有雄蕊3枚，其外稃约与小穗等长，具5脉，内稃膜质，长和宽约与第二小花相等；第二小花两性，外稃之长约与第一小花的相等，顶端尖，黄色或灰色，背部隆起，具明显的横皱纹，成熟时与颖一起脱落（图3-98）。颖果宽卵形，暗灰色或灰绿色；脐明显，近圆形，褐

图3-97　金色狗尾草苗期　　　　　　　　图3-98　金色狗尾草穗

黄色，腹面扁平；胚椭圆形，长占颖果的2/3～3/4，色与颖果同。

1年生草本。单子叶杂草。苗期4～7月，果期6～10月。种子繁殖。

防治要点

参见"虎尾草"。

55 狗尾草

概述

狗尾草 [*Setaria viridis* (L.) P. Beauv.]，禾本科，狗尾草属。别名：绿狗尾、谷莠子、莠。广布全国，局部棉田中度为害。

形态特征

秆高20～60cm，丛生，直立或倾斜。叶线状披针形，顶端渐尖，基部圆形，长6～20cm，宽2～18mm；叶舌膜质，长1～2mm，具毛环（图3-99）。圆锥花序紧密，呈圆柱状，长2～10cm，直立或微倾斜；小穗长2～2.5mm，2至数枚成簇生于缩短的分枝上，基部有刚毛状小枝1～6条，成熟后与刚毛分离而脱落；第一颖长为小穗的1/3，具1～3脉；第二颖与小穗等长或稍短，具5～6脉；第一小花外稃与小穗等长，具5脉；第二小花外稃较第一小花外稃为短，有细点状皱纹，成熟时背部稍隆起，边缘卷抱内稃（图3-100）。颖果近卵形，腹面扁平，脐圆形，乳白色带灰色，长1.2～1.3mm，宽0.8～0.9mm。

图 3-99　狗尾草苗期

图 3-100　狗尾草穗

1年生草本。单子叶杂草。苗期4～7月，花果期6～9月。出苗高峰与降雨关系密切。种子繁殖。

防治要点

参考"虎尾草"。

56 芦苇

概述

芦苇 [*Phragmites australis*（Cav.）Trin. ex Steud.]，禾本科，芦苇属。别名：苇子。广布全国各棉区，轻度为害。

形态特征

具黄白色粗壮匍匐根状茎，节间中空，每节生有一芽，节上生须根。秆高1～3m，下部可分枝，节下通常具白粉。叶鞘圆筒形，无毛或具细毛，叶舌有毛，叶片扁平，光滑或边缘粗糙（图3-101）。圆锥花序顶生，稠密，长10～40cm，棕紫色，微向下垂头，下部枝腋间具白柔毛；小穗通常含4～7花，长12～16mm，第一颖长3～7mm，第二颖长5～11mm，第一花通常是雄性，其外稃无毛，长8～15mm，内稃长3～4mm，孕性花外稃长9～16mm，顶端渐尖，基盘具长6～12mm的柔毛，内稃长约3.5mm，脊上粗糙（图3-102）。颖果椭圆形，与内稃和外稃分离。

图3-101 芦苇苗期

图3-102 芦苇穗

多年生高大草本。单子叶杂草。根茎粗壮，横走地下，在沙质地可长达10余米，4～5月长苗，8～9月开花，以种子、根茎繁殖。

防治要点

（1）化学防除。剪去芦苇地上部后，每667m² 用41％草甘膦异丙胺盐水剂200 ～ 400g（有效成分82 ～ 164g），对水20 ～ 30L配成药液，涂抹剪断部位。勿将药液涂抹到棉花叶片上，以免产生药害。

（2）其他防治方法。在棉花播种（移栽）前，利用农机具或农业机械深耕，铲除杂草。

57　狗牙根

概述

狗牙根 [*Cynodon dactylon* （L.）Pers.]，禾本科，狗牙根属。别名：绊根草、爬根草。多见于长江流域棉区，局部为害较重。

形态特征

秆高20 ～ 70cm，有地下根茎。茎匍匐地面，上部及着花枝斜向上，花序轴直立。叶鞘有脊，鞘口常有柔毛；叶舌短，有纤毛；叶片线形，互生，下部者因节间短缩似对生（图3-103）。穗状花序，3 ～ 6枚呈指状簇生于秆顶；小穗灰绿色或带紫色，长2 ～ 2.5mm，通常有1枚小花；颖在中脉处形成背脊，有膜质边缘，长1.5 ～ 2mm，与第二颖等长或稍长；外稃草质，与小穗等长，具3脉，脊上有毛，内稃与外稃几等长，有2脊；花药黄色或紫色（图3-104）。颖果矩圆形，长约1mm，淡棕色或褐色，顶端具宿存花柱，无毛茸；脐圆形，紫黑色，胚矩圆形，凸起。

图3-103　狗牙根苗期

图3-104　狗牙根花序

多年生草本。单子叶杂草。苗期3～5月，花果期6～10月。以根茎、匍匐茎繁殖及种子繁殖。

防治要点

（1）化学防除。杂草2叶期至分蘖期前进行茎叶喷雾：①每667m²用108g/L高效氟吡甲禾灵乳油60～90g（有效成分6.48～9.72g），对水30L，茎叶喷雾；②每667m²用15％精吡氟禾草灵乳油40～67g（有效成分6～10g），对水30L，茎叶喷雾；③每667m²用5％精喹禾灵乳油100～120g（有效成分5～6g），对水30L，茎叶喷雾；④每667m²用12.5％烯禾啶乳油80～100g（有效成分10～12.5g），对水30L，茎叶喷雾；⑤棉花植株高30cm以上或现蕾期后，每667m²用41％草甘膦异丙胺盐水剂100～200g（有效成分41～82g），对水20～30L，在棉花行间定向喷雾。定向喷雾时需压低喷头，加保护罩，以免雾滴飘移到棉花叶片上而产生药害。

（2）其他防治方法。在棉花播种（移栽）前、出苗前及生育期内，利用农机具或农业机械进行耕、耙或中耕松土，直接杀死、刈割或铲除杂草。生育期内进行2～3次中耕除草，操作时顺手拾净狗牙根匍匐茎，带出棉田。

58 铺地黍

概述

铺地黍（*Panicum repens* Linn.），禾本科，黍属。别名：枯骨草。华南棉区有分布，轻度为害。

形态特征

根系发达。具广伸粗壮的根茎。秆高50～100cm。叶鞘光滑，边缘被纤毛；叶舌长约0.5mm，被纤毛；叶片质硬，坚挺，线形，长5～25cm，宽2.5～5mm，干时常内卷，先端渐尖，腹面粗糙或被毛（图3-105）。圆锥花序开展，长10～20cm；分枝斜升，粗糙，具棱；小穗长圆形，长约3mm，无毛，先端尖；第一颖薄膜质，长约为小穗的1/4，基部包卷小穗基部，先端截平或钝圆，脉通常不明显；第二颖长约与小穗相等，先端喙尖，具7脉；第一小花为雄性，外稃与第二颖等长同形而较宽，内稃薄膜质，约与外稃等长，雄蕊3枚，花丝极短，花药暗褐色，长约1.6mm；第二小花结实，长圆形，长约2mm，平滑光亮，先端尖。颖果椭圆形，淡棕色，长约1.8mm，宽约0.8mm（图3-106）。

图 3-105 铺地黍成株

图 3-106 铺地黍花果

（陈国奇 提供）

多年生草本。单子叶杂草。花果期6～11月。以根状茎和种子繁殖。其根茎粗壮，生活力强，不易防除。

防治要点

参考"狗牙根"。

第4章

棉花主要害虫雌虫卵巢发育级别

1 棉铃虫雌蛾卵巢发育级别划分方法

级别	发育期	卵巢管特征	脂肪体特征	交配囊特征
1级	卵黄沉积前期	细小而柔软，长约30mm，卵巢管及输卵管明显透明；肉眼分辨不出其内卵粒，滋养细胞和卵母细胞很难看清	乳白色，量多而饱满	
2级	卵黄沉积期	生长膨大，长约40~45mm，乳白色；在卵巢管的端部可见未成熟的卵，开始有卵黄沉积发生，侧输卵管开始膨大，卵粒乳白色，肉眼可见内部卵粒成串	淡黄白色，量仍多，部分不饱满	淡褐色，偶见精珠
3级	成熟待产期	长约55mm，黄白色，内部卵量急速增加；卵粒清晰可见，排列整齐，基部卵粒成堆；侧输卵管内充满卵，中输卵管亦有卵，卵黄沉积丰满，由于卵量的增加和卵的膨大，卵巢管膨胀呈长筒状	明显减少	内精珠较常见
4级	产卵盛期	开始缩短，长45~50mm；基部的卵粒排列不很紧密；由于大量成熟卵和未成熟卵的存在，卵巢管壁变得非常薄	明显减少，松散而呈黄色	
5级	产卵末期	萎缩变短，长约35mm；成熟卵和未成熟卵均明显减少，仅部分卵巢管内存在几粒成熟的卵；卵室之间有缢缩而呈念珠状；卵巢管中下部明显变细萎缩		

图4-1 棉铃虫雌蛾卵巢——1级

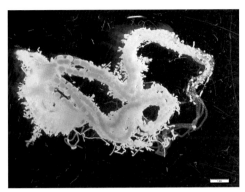

图4-2 棉铃虫雌蛾卵巢——2级

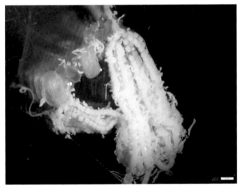

图4-3 棉铃虫雌蛾卵巢——3级

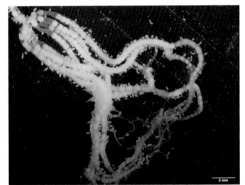

图4-4 棉铃虫雌蛾卵巢——4级

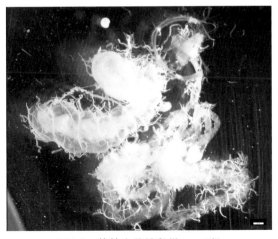

图4-5 棉铃虫雌蛾卵巢——5级

2 红铃虫雌蛾卵巢发育级别划分方法

级别	发育期	卵巢管特征	脂肪体特征	交配囊特征
1级	乳白透明期	初羽化卵巢小管内卵粒不明显，整个卵巢小管短而细，平均长度为6.50mm，平均直径为0.19mm	丰富	未交配，交配囊瘪
2级	卵黄沉积期	卵巢小管下部1/3～1/2的卵粒进入卵黄沉积期，但尚无成熟卵，卵粒在卵巢管柄以上。卵巢小管较前一级时长而粗，平均长8.00mm，直径0.25mm。未产卵	丰富	未交配，交配囊瘪
3级	成熟待产期	卵巢小管下部卵粒已成熟，成熟卵已逐渐下移至侧输卵管或中输卵管，但卵巢小管内的卵粒之间排列仍很紧密，多数个体尚未产卵。这一级卵巢小管继续增长变粗，平均长10.80mm，直径0.29mm		部分已交配，交配过的雌蛾交配囊膨胀，并可透见精包
4级	产卵盛期	卵巢小管内成熟卵已开始或大量产出，管内各粒卵之间有空隙，排列稀疏。经大量产卵后，卵巢小管开始缩短，但粗细无大差异。如羽化后3～4d的雌蛾，其卵巢小管平均长8.50mm，直径0.29mm	已明显减少	可见多次交配
5级	产卵末期	卵巢小管短而萎缩，平均长为5.80mm，粗细和3、4级相差不大。各卵巢小管内残留少量成熟卵。卵巢管柄处有一蜡黄色的卵巢管塞出现	极少	多次交配，精包因精液排出而空瘪

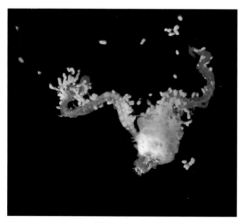

图4-6 红铃虫雌蛾卵巢——1级

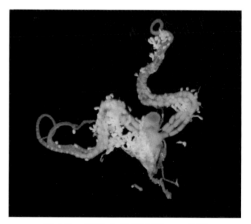

图4-7 红铃虫雌蛾卵巢——2级

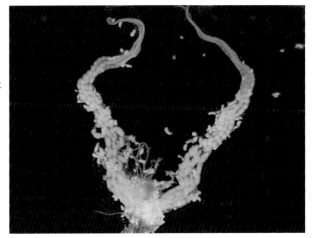

图4-8　红铃虫雌蛾卵巢——3级

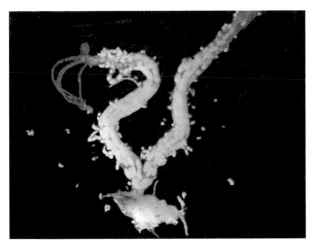

图4-9　红铃虫雌蛾卵巢——4级

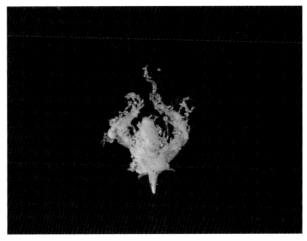

图4-10　红铃虫雌蛾卵巢——5级

3 斜纹夜蛾雌蛾卵巢发育级别划分方法

级别	卵巢管特征	脂肪体特征	交配囊特征
1级	长6～10 cm，韧性好；卵巢前端无色透明，细长，卵室不易分辨，逐渐可以看到半透明的结节状卵室轮廓，在卵室中部出现横向线状的、一半乳白色的卵黄沉积物，长度占卵巢管2/3～3/4，后端为乳白色不成熟卵粒，不紧密排列，有空隙，占卵巢管1/4～1/3	乳白色，丝状、絮状、片状，较多，充满腹腔	未发生交配，交配囊空瘪，质软，近纺锤形，中输卵管空
2级	长5～8 cm，韧性好；卵巢前端无色透明，细长，占卵巢管1/3～1/2，中段充满白色小卵粒，末端为成熟乳白色卵粒紧密排列，无空隙，可以看到成熟卵排入中输卵管和侧输卵管，可以看到棕色卵巢管塞	白色，丝状、片状，尚多	有交配出现，交配囊在交尾后主囊体膨胀为近球形，内有精包
3级	长9～13 cm，韧性好；卵巢小管前端细长，卵黄沉积物占卵巢小管的1/3，卵巢小管中部以后为乳白色的卵粒，紧密排列，各卵室界限清晰；中输卵管中有紧密排列的卵粒，无间隙	白色，丝状、片状，较少	大部分已交配，交配囊膨大，个别可以看到莲蓬状精包
4级	卵粒减少，卵巢小管3/4为卵黄沉积，1/4为稀疏的乳白色卵粒，可以看到暗红色卵巢管塞；中输卵管中有稀疏遗卵	少	发生交配的交配囊膨大
5级	长约5cm，易断；卵巢小管短且皱缩，卵巢萎缩，卵巢小管中有稀疏卵粒；中输卵管中也存有少量遗卵	极少，残存的丝状气管网缠绕在萎缩的卵巢周围，形状如麻团	交配囊呈半球状，可见精包残体

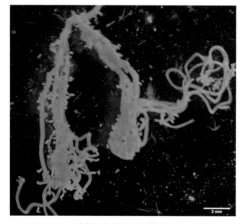

图4-11　斜纹夜蛾雌蛾卵巢——1级

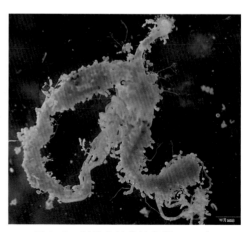

图4-12　斜纹夜蛾雌蛾卵巢——2级

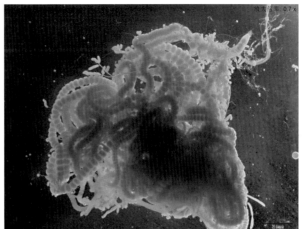

图 4-13　斜纹夜蛾雌蛾卵巢——3级

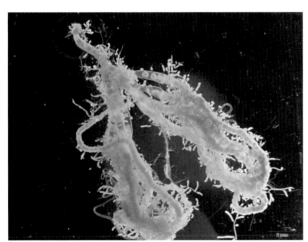

图 4-14　斜纹夜蛾雌蛾卵巢——4级

图 4-15　斜纹夜蛾雌蛾卵巢——5级

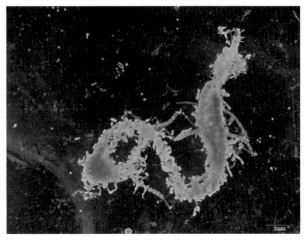

4 甜菜夜蛾雌蛾卵巢发育级别划分方法

级别	发育期	卵巢管特征	脂肪体特征	交配囊特征
1级	卵黄沉积期（羽化1d）	乳白色，全长22.5～36.0mm，基部有较大的卵粒；侧输卵管和中输卵管内尚无卵粒	腹腔内充满脂肪体，淡黄色，量多，饱满，呈圆形或长圆形	淡褐色，未交配，极少数交配1次，囊体空瘪；受精囊乳白色，小，未膨大；附腺开始膨大，但不饱满，乳白色
2级	成熟待产期（羽化2～3d）	黄白色，粗长，长约41～50mm，卵粒淡黄色，在卵巢管中排列紧密，由椭圆形被挤成圆球形，甚至扁球形，基部卵粒成堆；侧输卵管内充满卵粒，中输卵管内也有卵	腹腔内脂肪体明显减少，黄色，长圆形，不饱满部分呈丝状	由于交配而膨大，内有1～2个精珠；受精囊乳白色，膨大；附腺贮囊也很膨大，半透明
3级	产卵盛期（羽化4～5d）	开始缩短，长约35～40mm，黄色，柄消失，基部卵排列不很紧密，常见一条卵巢管内无卵，而另一条充满卵粒；侧输卵管内有卵，中输卵管内有卵或无卵	腹腔内脂肪体明显减少，黄色，多呈丝状	内多含1～2个精珠，少数3个；受精囊仍很大；附腺有所缩小
4级	产卵末期（羽化6～8d）	由于大量产卵而萎缩变短，长约27.5～35.5mm，且粗细不均，仅残留少数变形卵，没有半成熟卵的存在；侧输卵管皱缩，内无卵或残留个别变形卵	腹腔内所含脂肪体数量极少，呈丝状，黄色	内多含2～3个精珠，少数含4个或1个，多已干瘪；受精囊与附腺缩小

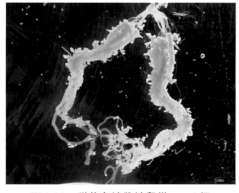
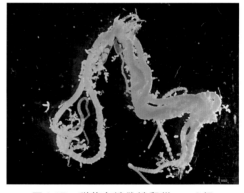

图4-16 甜菜夜蛾雌蛾卵巢——1级   图4-17 甜菜夜蛾雌蛾卵巢——2级

图4-18　甜菜夜蛾雌蛾卵巢——3级

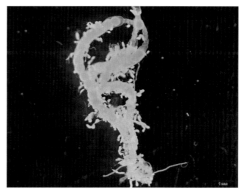

图4-19　甜菜夜蛾雌蛾卵巢——4级

5　小地老虎雌蛾卵巢发育级别划分方法

级别	发育期	卵巢管特征	脂肪体特征	交配囊特征
1级	产卵前期（乳白透明期）	卵巢小管基部卵粒乳白色，先端卵粒透明难分辨	淡黄色，椭圆形，葡萄串状，充满腹腔	
2级	产卵前期（卵黄沉淀期）	卵巢小管基部1/4逐渐向先端变黄，卵粒易辨	淡黄色，变细长圆柱形	个别成虫交配
3级	产卵期（卵粒成熟期/产卵初期）	卵壳形成，卵黄色，卵巢小管及中输卵管内卵粒排列紧密	乳白色，变细长	
4级	产卵期（产卵盛期）	卵巢小管及中输卵管内卵粒排列疏松，不相连接	乳白，透明，细长管状	
5级	产卵后期	卵巢小管收缩变形，中输卵管内卵粒排列疏松或重叠	乳白，透明，丝状	

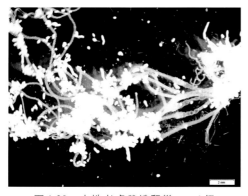

图4-20　小地老虎雌蛾卵巢——1级

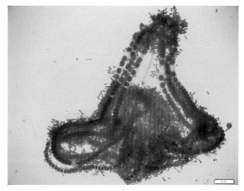

图4-21　小地老虎雌蛾卵巢——2级

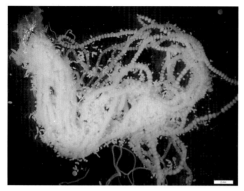

图4-22　小地老虎雌蛾卵巢——3级

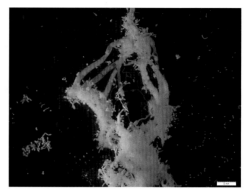

图4-23　小地老虎雌蛾卵巢——4级

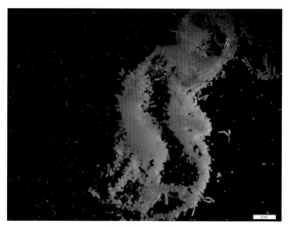

图4-24　小地老虎雌蛾卵巢——5级

6 绿盲蝽雌成虫卵巢发育级别划分方法

级别	卵巢管特征
1级	长约0.5～1.0mm，主要由卵原区（含滋养细胞）、初级卵母细胞区组成，无卵黄蛋白沉积
2级	长约1.1～2.0mm，卵母细胞体积增大，每根卵巢管含2～4个卵室，有少量卵黄蛋白沉积，未见成熟卵
3级	长约2.0～3.0mm，大量卵黄蛋白沉积至卵母细胞，卵巢内可见有卵盖的成熟卵，个别成熟卵进入侧输卵管
4级	长约3.0～5.0mm，每根卵巢管含有3～5个卵室，并可见1～2粒成熟卵，有黄体素
5级	开始萎缩，长约1.8～3.0mm，每根卵巢管含2～3个卵室，卵巢内仅有少量成熟卵

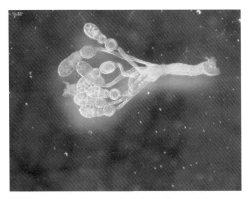

图4-25　绿盲蝽雌成虫卵巢——1级

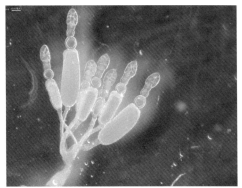

图4-26　绿盲蝽雌成虫卵巢——2级

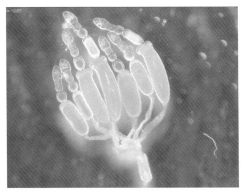

图4-27　绿盲蝽雌成虫卵巢——3级

图4-28　绿盲蝽雌成虫卵巢——4级

图4-29　绿盲蝽雌成虫卵巢——5级

第5章

棉花次要害虫图示

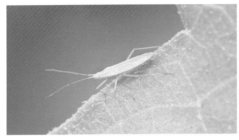

图5-1 赤须盲蝽（*Trigonotylus ruficornis* Geoffroy）成虫

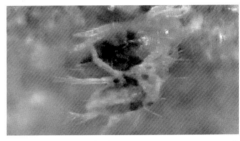

图5-2 二斑叶螨（*Tetranychus urticae* Koch）雄成螨 （洪晓月 提供）

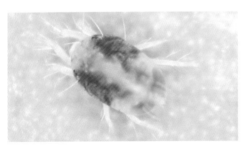

图5-3 二斑叶螨（*Tetranychus urticae* Koch）雌成螨 （洪晓月 提供）

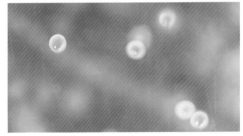

图5-4 二斑叶螨（*Tetranychus urticae* Koch）卵 （洪晓月 提供）

图5-5 二斑叶螨（*Tetranychus urticae* Koch）若螨 （洪晓月 提供）

图 5-6　大青叶蝉（*Cicadella viridis* L.）成虫

图 5-7　稻棘缘蝽（*Cletus punctiger* Dallas）成虫

图 5-8　点蜂缘蝽 [*Riptortus pedestris* (Fabricius)] 成虫

图 5-9　点蜂缘蝽 [*Riptortus pedestris* (Fabricius)] 若虫

图 5-10　二星蝽 [*Eysacoris guttiger* (Thunb.)] 成虫

图 5-11　大地老虎（*Agrotis tokionis* Butler）成虫

图 5-12　黄地老虎［*Agrotis segetum*（Denis et Schiffermüller）］成虫

图 5-13　棉茎木蠹蛾（*Zeuzera coffeae* Nietner）幼虫

图 5-14　三叶草夜蛾（*Scotogramma trifolii* Rottemberg）幼虫

图 5-15　眩灯蛾［*Lacydes spectabilisc*（Tauscher）］成虫

图 5-16　眩灯蛾［*Lacydes spectabilisc*（Tauscher）］幼虫

图 5-17　多色异丽金龟（*Anomala chamaeleon* Fairmaire）成虫

图5-18　华北大黑鳃金龟 [*Holotrichia oblita* (Faldermann)] 成虫

图5-19　华北大黑鳃金龟 [*Holotrichia oblita* (Faldermann)] 卵

图5-20　华北大黑鳃金龟 (*Holotrichia oblita* Faldermann) 蛹

图5-21　鲜黄鳃金龟 [*Metaboluo impressifros* (Fairmaire)] 成虫

图5-22　沟金针虫 [*Pleonomus canaliculatus* (Faldermann)] 幼虫

图5-23　细胸金针虫 (*Agriotes subrittatus* Motschulsky) 成虫

图5-24 华北蝼蛄（*Gryllotalpa unispina* Saussure）成虫

图5-25 绿鳞象甲（*Hypomeces squamosus* Fabrieius）成虫侧面观

图5-26 绿鳞象甲（*Hypomeces squamosus* Fabrieius）成虫背面观

图5-27 短额负蝗（*Atractomorpha sinensis* Bolvar）成虫

图5-28 隆背花薪甲（*Cortinicana gibbosa* Herbst）成虫

图5-29 隆背花薪甲（*Cortinicana gibbosa* Herbst）为害状

第6章

棉花害虫标本照*

图6-1　绿盲蝽［*Apolygus lucorum* (Meyer-Dür)］

图6-2　中黑盲蝽［*Adelphocoris suturalis* (Jakovlev)］

图6-3　三点盲蝽（*Adelphocoris fasciaticollis* Reuter）

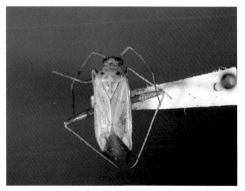

图6-4　苜蓿盲蝽［*Adelphocoris lineolatus* (Goeze)］

* 标本由中国农业科学院植物保护研究所标本馆提供。

图6-5　牧草盲蝽（*Lygus pratensis* L.）

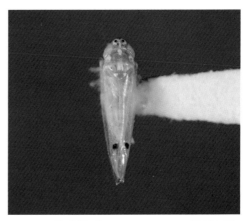

图6-6　棉叶蝉［*Amrasca biguttula* (Ishida)］

图6-7　大青叶蝉（*Cicadella viridis* L.）

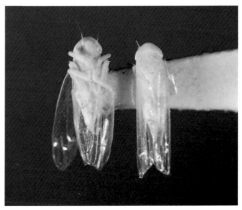

图6-8　小绿叶蝉［*Empoasca flavescens* (Fabricius)］

图6-9　斑须蝽［*Dolycoris baccanum* (L.)］

图6-10　黄伊缘蝽［*Rhopalus maculates* (Fieber)］

图6-11 稻绿蝽 [*Nezara viridula* (L.)] 点斑型

图6-12 稻绿蝽 [*Nezara viridula* (L.)] 黄肩型

图6-13 稻绿蝽 [*Nezara viridula* (L.)] 全绿型

图6-14 棉二点红蝽 [*Dysdercus cingulatus* (Fabricius)]

图6-15 黑蚱蝉 (*Cryptotympana pustulata* Fabricius)

图6-16 棉铃虫 [*Helicoverpa armigera* (Hübner)]

图 6-17　烟青虫（*Heliothis assulta* Guenee）

图 6-18　斜纹夜蛾（*Prodenia litura* Fabricius）

图 6-19　甜菜夜蛾［*Laphigma exigua*（Hübner）］

图 6-20　粉纹夜蛾［*Plusia ni*（Hübner）］

图 6-21　甘蓝夜蛾［*Mamestra brassicae*（L.）］

图 6-22　警纹夜蛾［*Agrotis exclamationis*（L.）］

图6-23　苜蓿夜蛾［*Heliothis dipsacea* (L.)］

图6-24　旋幽夜蛾（*Scotogramma trifolii* Rottemberg）

图6-25　银纹夜蛾［*Argyrogramma agnate* (Staudinger)］

图6-26　亚洲玉米螟［*Ostrinia furnacalis* (Guenee)］

图6-27　棉大造桥虫（*Ascotis selenaria* Schiffermuller et Denis）

图6-28　棉小造桥虫（*Anomis flava* Fabricius）

189

图6-29 埃及金刚钻［*Earias insulana* (Boisduval)］展翅

图6-30 埃及金刚钻［*Earias insulana* (Boisduval)］未展翅

图6-31 翠纹金刚钻（*Earias fabia* Stoll）展翅

图6-32 翠纹金刚钻（*Earias fabia* Stoll）未展翅

图6-33 鼎点金刚钻（*Earias cupreoviridis* Walker）展翅

图6-34 鼎点金刚钻（*Earias cupreoviridis* Walker）未展翅

图6-35　小地老虎（*Agrotis ypsilon* Rottemberg）

图6-36　大地老虎（*Agrotis tokionis* Butler）

图6-37　黄地老虎（*Agrotis segetum* Schiffermuller）

图6-38　八字地老虎（*Agrotis c-nigrum* L.）

图6-39　大蓑蛾（*Clania variegata* Snellen）

图6-40　灰地种蝇［*Delia platura*（Meigen）］

191

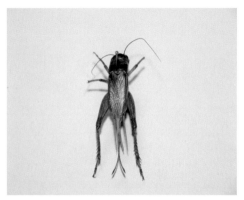

图 6-41　油葫芦（*Cryllus testaceus* Walker）

图 6-42　大蟋蟀（*Brachytrupes portentosus* Lichtenstein）

图 6-43　黄斑长跗莹叶甲（*Monolepta signata* Olivier）

图 6-44　双斑长跗莹叶甲（*Monolepta hieroglyphica* Motschulsky）

图 6-45　大灰象［*Sympiezomias velatus* (Chevrolat)］

图 6-46　蓝绿象（*Hypomeces squamosus* Herbst）

图6-47　棉尖象（*Phytoscaphus gossypii* Chao）

图6-48　小卵象（*Calomycterus obconicus* Chao）

图6-49　中国芫菁（*Epicauta chinensis* Laporte）

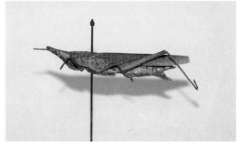

图6-50　长额负蝗 [*Atractomorpha lata* (Motschoulsky)]

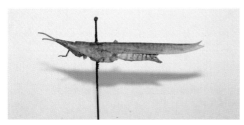

图6-51　短额负蝗（*Atractomorpha sinensis* Bolivar）

图6-52　日本黄脊蝗（*Patanga japonca* Bolivar）

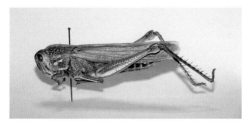

图6-53　棉蝗 [*Chondracris rosea*（De Geer）]

图6-54　中华稻蝗 [*Oxya chinensis* (Thunberg)]

图6-55 华北蝼蛄（*Gryllotalpa unispina* Saussure）

图6-56 东方蝼蛄（*Gryllotalpa orientalis* Burmeister）

图6-57 东北大黑鳃金龟（*Holotrichia diomphalia* Bates）

图6-58 华北大黑鳃金龟 [*Holotrichia obeita* (Faldermam)]

图6-59 沟金针虫（*Pleonomus canaliculatus* Faldermann）成虫

图6-60 沟金针虫（*Pleonomus canaliculatus* Faldermann）幼虫

第7章

棉田天敌昆虫图示

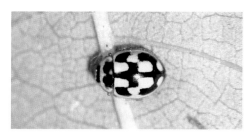

图7-1　龟纹瓢虫［*Propylea japonica*
（Thunberg）］成虫1

图7-2　龟纹瓢虫［*Propylea japonica*
（Thunberg）］成虫2

图7-3　龟纹瓢虫［*Propylea japonica*
（Thunberg）］幼虫

图7-4　七星瓢虫（*Coccinella septempunctata*
L.）成虫

图7-5　七星瓢虫（*Coccinella septempunctata*
L.）幼虫

图7-6　异色瓢虫［*Harmonia axyridis*
（Pallas）］成虫1

图7-7 异色瓢虫 [*Harmonia axyridis* (Pallas)] 成虫2

图7-8 异色瓢虫 [*Harmonia axyridis* (Pallas)] 成虫3

图7-9 异色瓢虫 [*Harmonia axyridis* (Pallas)] 成虫4

图7-10 异色瓢虫 [*Harmonia axyridis* (Pallas)] 成虫5

图7-11 异色瓢虫 [*Harmonia axyridis* (Pallas)] 幼虫

图7-12 多异瓢虫 [*Hippodamia variegata* (Goeze)] 成虫

图7-13 多异瓢虫 [*Hippodamia variegata* (Goeze)] 卵

图7-14 多异瓢虫 [*Hippodamia variegata* (Goeze)] 幼虫

图7-15　方斑瓢虫［*Propylaea quatuordec-impunctata* (L.)］成虫

图7-16　方斑瓢虫［*Propylaea quatuordec-impunctata* (L.)］幼虫

图7-17　十一星瓢虫（*Coccinella undec-impunctata* L.）成虫

图7-18　大草蛉［*Chrysopa pallens* (Rambur)］成虫

图7-19　大草蛉［*Chrysopa pallens* (Rambur)］幼虫

图7-20　丽草蛉（*Chrysopa formosa* Brauer）成虫

图7-21　丽草蛉（*Chrysopa formosa* Brauer）幼虫

图7-22　中华通草蛉［*Chrysoperla sinica* (Tjeder)］成虫

图 7-23　中华通草蛉 ［*Chrysoperla sinica* (Tjeder)］ 幼虫

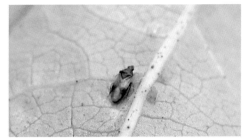

图 7-24　小花蝽 (*Orius similis* Zheng) 成虫

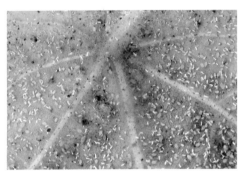

图 7-25　小花蝽 (*Orius similis* Zheng) 若虫

图 7-26　食蚜蝇 (Syrphidae) 成虫

图 7-27　食蚜蝇 (Syrphidae) 幼虫 1

图 7-28　食蚜蝇 (Syrphidae) 幼虫 2

图 7-29　塔六点蓟马 (*Scolothrips takahashii* Prisener) 成虫

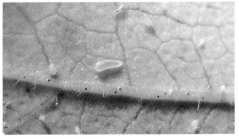

图 7-30　食蚜瘿蚊 (*Aphidoletes apidimyza* Rondani) 幼虫

第8章

系统开发设计与功能实现

1 系统开发设计原理

1.1 总体设计

棉花病虫草害调查诊断与决策支持系统总体设计为客户端（Android平台）/服务器（Windows系统）架构。客户端以基于Android平台的手机、平板电脑等为载体，以APP应用程序为实现形式，负责读取多媒体资料，进行辅助诊断，并实现用户提问与专家支持、业务上报与信息发布等功能。服务器端以阿里云服务器（http://101.201.149.230:8080/mb/login.html）为挂靠平台，以运行Windows操作系统的个人电脑为载体，负责棉花病虫草害相关多媒体资料的分析处理以及系统的日常维护。

系统以棉花病虫草害识别诊断为核心，分为数据层、业务逻辑层和用户层。数据层为服务器端数据库；业务逻辑层负责系统功能实现；用户层为用户界面，用户层对普通用户来说是诊断主界面，对专业用户来说除诊断端主界面外，还包含信息主界面及其相关子页面。

1.2 开发环境与数据层设计

客户端通用系统开发环境由JDK + Android Studio + Android SDK组成，其中Android Studio为应用程序IDE（Integrated development enviroment），JDK（Java development kit）包含Java开发环境和类库，Android SDK是Android专属软件开发工具包，为程序设计者提供了丰富的控件及相关类库。服务器端开发环境由Linux + Apache + Java + MySQL组成，Java作为开发语言，MySQL数据库储存数据，可在Windows、Linux等多种平台上开发并运行。数据层设计架构见图8-1。

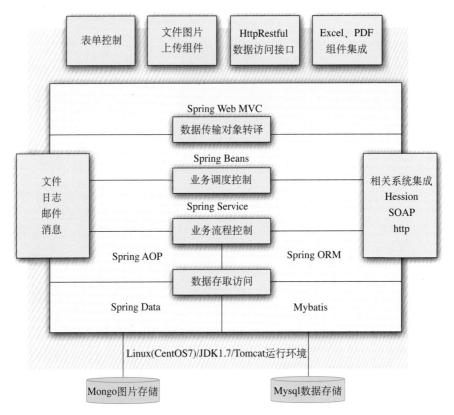

图8-1　系统数据层设计架构

2　系统主要功能

2.1　知识库浏览查询

知识库由棉花病害、棉花害虫、棉田杂草、棉花主要害虫卵巢发育级别、棉花次要害虫图示、棉花害虫标本照、棉田天敌昆虫图示7个子库构成，用户可在系统主页面浏览查询。

1）病、虫、草子库。棉花病害、棉花害虫、棉田杂草3个子库为知识库的主体部分，分别包括常见病害21种配图36幅，害虫（含螨类和软体动物）37种配图72幅，杂草58种配图106幅；其中，病害包括概述、（田间）症状、病原菌形态特征、发生规律、防治要点等字段，害虫包括概述、（田间）为害状、（各虫态）形态特征、发生规律、防治要点等字段，杂草包括概述、（各生育期）形态特征、防治要点等字段，每种病虫害的田间症状（为害状）和杂草的形态特征均配图片进行形象表达。在文字描述上，力求简明准确、可读性强，并根据智能筛选逐字匹配的要求，注意用精确唯一的词语体现种类之间的典型特点和细微差别。在图片选配上，力求生动鲜明、针对性强，提高在田间操作中的实用性，如病害在各时期、植株各部位、各种发病程度的不同症状，害虫在各为害部位的为害状和各虫态的形态特征，杂草苗期、成株期和繁殖器官的细部特征，尤其是杂草苗期的图片对及早识别、有效防除具有重要意义。

2）棉花主要害虫卵巢发育级别子库。该子库针对棉铃虫、红铃虫、斜纹夜蛾、甜菜夜蛾、小地老虎和绿盲蝽6种重要测报对象，以发育期、卵巢管、脂肪体和交配囊特征为依据，划分雌虫卵巢发育级别，并配以各级别清晰规范的解剖图片（29幅）加以展示，可为基层技术人员提供准确、形象的判断依据，对于帮助预测发生期、指导下代幼虫的适时防治具有重要意义。

3）3个图片子库。棉花次要害虫图示、棉花害虫标本照、棉田天敌昆虫图示3个子库以图片为主要展现形式，每张图片均以昆虫"中文学名＋拉丁学名"（附加虫态）作为标题准确表达。棉花次要害虫图示子库包括害虫20种、图片29幅，主要展示除棉花害虫子库37种以外的棉田可见的次要害虫。棉花害虫标本照子库包括害虫52种配图片60幅，全部是虫体风干、制成标本以后的昆虫形态，小型虫体均放大拍摄并标注了比例尺，中型至大型虫体均以5角硬币或昆虫针作为参照物进行拍摄，可比照测报灯诱测到的经红外线处理后的样本，对成虫种类鉴定具有参考价值。棉田天敌昆虫子库包括13种配图片30幅，主要展示棉田中常见的瓢虫、草蛉、蜘类和食蚜蝇、瘿蚊等捕食性天敌。

2.2 智能筛选

在系统开发的需求调研中发现，进行病虫草害识别时，没有植物保护专业背景的普通用户（如农民、种植业大户等），只对田间可见的病虫害症状（为害状）或杂草植株形态具有辨识力，具备植保专业知识的基层技术人员往往也要求简单判断和快速识别。因此，设置筛选条件时，只匹配病、虫害的"症状"和杂草的"形态特征"等直观感受字段，而舍弃了病原菌、害虫形态特征等需要室内显微观察或缺乏唯一性、专业能力要求高的字段。筛选条件提取原则：①以对应字段中的原词为依据，以便系统进行逐字匹配；②以田间可见、典型症状或形态、易于归类和区别、表述无歧义为标准，提取过滤描述关键词；③关键词尽量短小、描述准确。其中，病害症状的筛选条件包括发病部位、病状（发病部位形态特征）、病征（病原菌子实体）3个分类项（表8-1），虫害为害状包括为害部位、为害方式、植株受害状、害虫痕迹4个分类项（表8-2），杂草形态特征包括有无孢子茎、单子叶／双子叶、生活史类型、茎、秆、叶鞘、叶片、花序和花8个分类项（表8-3）。

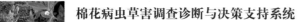

表8-1　21种棉花病害症状智能筛选条件和关键词

序号	病害名称	发病部位	病状（发病部位形态特征）	病征（病原菌子实体）
1	棉花黄萎病	叶，维管束，茎秆，枝条	掌状花斑，西瓜皮状，不规则，萎蔫，枯焦，水烫样，萎垂，维管束显黄褐色条纹	
2	棉花枯萎病	子叶，真叶，生长点，维管束	黄色网纹，黄化，紫红，青枯，皱缩，半边萎蔫，维管束半边变为褐色	
3	棉苗立枯病	幼苗，子叶，幼茎基部	枯倒，破裂，穿孔，烂籽，烂芽，褐色凹陷的病斑，黑褐色，子叶下垂萎蔫	
4	棉苗炭疽病	幼苗，子叶，幼茎基部	枯倒，破裂，穿孔，烂籽，烂芽，褐色凹陷的病斑，黑褐色，缢缩，子叶下垂萎蔫	
5	棉红腐病	根部，子叶	伤痕，腐烂，灰红色圆斑，黄色至褐色的伤痕	
6	棉苗猝倒病	茎基部	水渍状，水肿状，变软腐烂，萎蔫倒伏	白色絮状物
7	棉苗轮纹斑病	子叶，真叶	椭圆形病斑，边缘为紫红色，同心轮纹	
8	棉苗褐斑病	子叶，真叶	紫红色斑点，黄褐色病斑，边缘为紫红色，稍有隆起	散生的小黑点
9	棉苗疫病	子叶，真叶	圆形，不规则形，水渍状，暗绿色，青褐色	
10	棉角斑病	幼苗，幼茎，子叶	水渍状，透明的斑点，黑绿色油浸状，长形条斑，折断死亡	
11	棉铃疫病	成铃	青褐色，青黑色，水渍状	霜霉状物
12	棉铃红腐病	受伤的棉铃	不能开裂，半开裂，不吐絮，干腐	浅红色的粉状孢子，白色的菌丝体
13	棉铃炭疽病	棉铃	暗红色小点，褐色凹陷，溃烂，不能开裂	红褐色，分生孢子堆
14	棉铃印度炭疽病	棉铃	深青色，褐色，略凹陷	灰黑色颗粒状，分生孢子堆
15	棉铃黑果病	棉铃	发黑，僵硬，不能开裂	绒状黑粉
16	棉铃红粉病	棉铃	不能开裂，干腐	淡红色粉状物，绒毛状
17	棉铃软腐病	棉铃	深蓝色伤痕，叶轮状，褐色病斑，软腐状，黑色	灰白色毛
18	棉铃曲霉病	棉铃	不能开裂	铃壳裂缝处产生黄褐色霉状物

（续）

序号	病害名称	发病部位	病状（发病部位形态特征）	病征（病原菌子实体）
19	棉铃角斑病	幼铃，成铃	油渍状，绿色小点，圆形病斑，黑色，不规则，腐烂，脱落	
20	棉茎枯病	叶片，叶柄，茎，苞叶，青铃	失水褪绿，梭形溃疡斑，维管束外露，外皮纵裂，腐烂	小黑点，分生孢子器，小黑粒
21	早衰	植株，叶片，蕾，铃，果枝	叶片均匀失绿黄化，矮小，提前衰老，枯萎，脱落严重，僵瓣，干铃，全田发生	

表8-2　37种棉花害虫为害状智能筛选条件和关键词

序号	害虫名称	为害部位	为害方式	植株受害状	害虫痕迹
1	绿盲蝽	嫩叶，蕾，花，幼铃	刺吸	小黑点，空洞，破叶疯，扫帚苗	
2	中黑盲蝽	嫩叶，蕾，花，幼铃	刺吸	小黑点，空洞，破叶疯，扫帚苗	
3	三点盲蝽	嫩叶，蕾，花，幼铃	刺吸	小黑点，空洞，破叶疯，扫帚苗	
4	苜蓿盲蝽	嫩叶，蕾，花，幼铃	刺吸	小黑点，空洞，破叶疯，扫帚苗	
5	牧草盲蝽	嫩叶，蕾，花，幼铃	刺吸	小黑点，空洞，破叶疯，扫帚苗	
6	棉蚜	棉叶背面，嫩尖	吸食	卷缩，油叶，脱落	蜜露，霉菌滋生
7	棉长管蚜	叶片		失绿小点	
8	棉黑蚜	嫩头，顶芽		腋芽丛生，卷曲，畸形	
9	桃蚜	棉苗，叶背，嫩叶		失绿小点，卷缩	
10	朱砂叶螨	叶背	刺吸	黄白斑，变红	
11	截形叶螨	棉叶		黄白斑	
12	土耳其斯坦叶螨	叶片	刺吸	黄白斑，变红	细丝网
13	棉叶蝉	棉叶背面		收缩，火烧，枯死脱落	
14	烟蓟马	子叶，真叶，顶尖		银白色斑块，枯焦，萎缩，黄色斑块，肥大，无头棉，多头棉	
15	花蓟马	子叶，真叶，顶尖		银白色斑块，枯焦，萎缩，黄色斑块，肥大，无头棉，多头棉	
16	烟粉虱	叶片		成片黄斑，衰弱，脱落	蜜露，煤污病

（续）

序号	害虫名称	为害部位	为害方式	植株受害状	害虫痕迹
17	斑须蝽		刺吸		
18	黄伊缘蝽	叶片，小蕾		黄褐色小点，破损，脱落	
19	扶桑绵粉蚧	嫩枝，叶片，花芽，叶柄	吸食	衰弱，生长缓慢或停止，干枯，脱落	蜜露，煤污病
20	棉铃虫	蕾，铃	钻蛀	苞叶张开，脱落，不能结铃，腐烂，僵瓣	虫粪
21	红铃虫	蕾，铃	蛀食	不能开花，虫道，水青色，黄褐色，虫瘤，虫花，烂铃，虫僵花	黄色虫粪
22	斜纹夜蛾	叶背，花，蕾	啃食	枯黄，蛀洞，蛀孔，腐烂	虫粪
23	甜菜夜蛾	棉叶，蕾，铃，幼茎	啃食	孔洞，缺刻	
24	棉小造桥虫	叶，蕾，花，幼铃	啃食		
25	棉大造桥虫	叶，蕾，花，幼铃	啃食		
26	棉大卷叶螟	叶片		卷曲，卷筒，缀合，虫苞	
27	亚洲玉米螟	嫩头，叶片，叶柄基部，青铃	蛀食	凋萎，枯萎，折断，腐烂	蛀屑，虫粪
28	鼎点金刚钻	花蕾，幼铃	蛀食	不脱落，烂铃，蛀孔	黑色虫粪
29	棉蝗	叶		缺刻，孔洞	
30	美洲斑潜蝇	叶片，栅栏组织	潜食	蛇形虫道，不规则线状	黑色虫粪
31	棉尖象甲	嫩苗，棉叶，嫩头	啃食，咬食	孔洞，缺刻，断头棉，脱落	
32	双斑萤叶甲	叶背表皮，叶肉，花蕾	咀嚼取食	枯斑	
33	黑绒金龟	幼叶，幼苗，子叶，幼根	啃食	全株枯死	
34	小地老虎	嫩叶，嫩头生长点，主茎	啃食	天窗式，小洞，缺口，缺苗断垄	
35	灰巴蜗牛	嫩叶，花，茎，蕾，铃	刮锉	不整齐，缺刻，孔洞	白色有光泽的黏液，粪便，霉菌，爬行痕
36	同型巴蜗牛	嫩叶，花，茎，蕾，铃	刮锉	不整齐，缺刻，孔洞	白色有光泽的黏液，粪便，霉菌，爬行痕
37	蛞蝓	幼芽，嫩茎，叶片		缺刻，孔洞，腐烂	白色胶质，粪便，病原侵染

表8-3　58种棉田杂草形态特征智能筛选条件和关键词

序号	杂草名称	有无孢子茎和孢子囊	单子叶/双子叶	生活史类型	茎	秆	叶鞘	叶片	花序和花
1	问荆	孢子茎、孢子囊		多年生	营养茎在孢子茎枯萎后生出				
2	节节草	孢子茎、孢子囊		多年生					
3	空心莲子草		双子叶	多年生	基部匍匐，上部斜升或全株平卧			叶对生、长圆形、长圆状倒卵形、倒卵状披针形	头状花序、单生于叶腋、有总花梗、白色小花、有光泽
4	莲子草		双子叶	多年生	匍匐、绿色或带紫色			叶对生、线状披针形、倒卵形、卵状披针、圆形	头状花序、无总花梗、腋生
5	反枝苋		双子叶	1年生	直立、粗壮、单一或分枝			椭圆状卵形、菱状卵形	穗状花序组成圆锥花序、白色
6	凹头苋		双子叶	1年生	伏卧而上升、基部分枝			卵形、菱状卵形、先端钝圆而有凹缺	穗状或圆锥状花序、直立、淡绿色
7	刺苋		双子叶	1年生	直立、分枝			菱状卵形、卵状披针、针形	穗状花序
8	绿苋		双子叶	1年生	直立、分枝			卵形、卵状椭圆形	穗状花序、圆锥花序、绿色或红色
9	青葙		双子叶	1年生	直立、分枝			披针形、椭圆状披针形	穗状花序、淡红色、白色
10	葎草		双子叶	1年生、多年生	蔓生、密生倒钩刺			掌状、5～7裂	穗状花序、顶生
11	臭矢菜		双子叶	1年生	分枝、黄色柔毛、黏性腺毛			掌状复叶、倒卵形、倒卵状长圆形	总状花序、黄色

（续）

序号	杂草名称	有无孢子茎和孢子囊	单子叶/双子叶	生活史类型	茎	秆	叶鞘	叶片	花序和花
12	藜		双子叶	1年生	直立、粗壮、纵条纹、分枝			长柄、菱状卵形、宽披针形、灰绿色	团伞花簇、圆锥状花序、顶生或腋生、花小、黄绿色
13	灰绿藜		双子叶	1年生、2年生	自基部分枝、绿色或紫红色条纹			短柄、长圆状卵形、披针形	团伞花序、圆锥状花序、淡绿色
14	小藜		双子叶	1年生	直立、分枝、绿色、纵条纹			长圆状卵形	穗状或圆锥状花序、淡绿色
15	胖红蓟		双子叶	1年生	分枝、稍有香味、被粗毛			单叶对生、顶端互生、卵形或近三角形、具纤细长柄、两面被稀柔毛	头状花序、稠密、顶生的伞房花序、淡紫色
16	刺儿菜		双子叶	多年生	白色蛛丝状毛			单叶互生、两面被白色蛛丝状毛、缘具刺	头状花序、花冠紫红色
17	大刺儿菜		双子叶	多年生	无毛、疏被蛛丝状毛			缺刻状浅裂、背面被蛛丝状毛、羽状	头状花序、花冠紫红色
18	小飞蓬		双子叶	1年生、2年生	直立、细条纹、脱落性疏长毛、分枝			近匙形、线形、线状披针形	头状花序、密集成圆锥状或伞房状圆锥花序、白色或微紫色
19	鳢肠		双子叶	1年生	直立、下部伏卧、节处生根、疏被糙毛、具褐色水汁			叶对生、椭圆状披针形、两面被糙毛	头状花序、白色、黄色
20	飞机草		双子叶	多年生	直立、细条纹、被稠密黄色茸毛或被短柔毛			叶对生、卵状三角形、三角形、被长柔毛及红棕色腺点	头状花序、排列成伞房或复伞房、在枝端花序、绿色、花冠淡黄色、花蕊柱头粉红色、雌蕊柱头红色

（续）

序号	杂草名称	有无孢子茎和孢子囊	单子叶/双子叶	生活史类型	茎	秆	叶鞘	叶片	花序和花
21	辣子草		双子叶	1年生	分枝斜伸，被长柔毛状状毛			叶对生、被长柔毛状状毛，卵形、长圆形状卵形、披针形、披针形	头状花序，半球形至宽钟形，于茎顶排列成伞房状，舌片花冠白色，管状花冠黄色
22	花花柴		双子叶	多年生	粗壮、中空、分枝			叶互生、近肉质，长圆状卵形、长圆形	头状花序，于枝顶排列成伞房状，花紫红色或淡黄色
23	蒙山莴苣		双子叶	多年生	直立、上部分枝，纵棱，不分枝，含乳汁			羽状或倒羽状，浅裂或半裂至深裂	圆锥花序，头状花序，舌状，紫色或淡紫色
24	风毛菊		双子叶	2年生	粗壮、上部分枝，被短糙毛和腺点			长圆形、椭圆形，羽状半裂至深裂	头状花序，在茎枝顶排列成密集伞状，小花紫红色
25	稀莶		双子叶	1年生	全部分枝，被白色短柔毛			三角状卵形、卵状披针形，叶基三出脉	头状花序，多数头状花序排成圆锥状，黄色
26	苣荬菜		双子叶	多年生	上部分枝，不分枝，含乳汁			长圆状披针形，宽披针形，缺刻或羽状浅裂	头状花，舌状，白色绵毛，鲜黄色
27	苍耳		双子叶	1年生	直立			三角状卵形、心形，叶基三出脉	头状花序，腋生或顶生，黄绿色
28	打碗花		双子叶	多年生	蔓生、缠绕，匍匐			近椭圆形、心形，戟形	（苞片）包围花萼，花冠漏斗状，粉红色或淡紫色
29	田旋花		双子叶	多年生	蔓生、缠绕			戟形	（苞片）远离花萼，花冠漏斗状，粉红色

（续）

序号	杂草名称	有无孢子茎和孢子囊	单子叶/双子叶	生活史类型	茎	秆	叶鞘	叶片	花序和花
30	铁苋菜		双子叶	1年生				单叶、互生、卵状披针形、长卵圆形	穗状花序，全花包藏于三角状卵形至肾形的苞片内
31	飞扬草		双子叶	1年生	匍匐、扩展、基部多分枝			叶对生、卵形、卵状披针形、披针状长圆形	杯状花序多数集成头状花序
32	叶下珠		双子叶	1年生	直立、分枝倾卧而后上升、翅状纵棱、紫红色			单叶、互生、像羽状复叶、长椭圆形	花小，雌花单生于叶腋，无花瓣
33	甘草		双子叶	多年生	直立、分枝、白色、短毛、刺毛状腺体			羽状复叶、卵形、宽卵形	总状花序，蝶形花冠紫红色或蓝紫色
34	苘麻		双子叶	1年生	直立、上部有分枝、柔毛			叶互生、圆心形	花单生叶腋，花萼杯状，花黄色
35	野西瓜苗		双子叶	1年生	柔软、横卧、白粗毛			叶互生、羽状分裂、裂片具齿	花叶腋单生、花萼钟形、淡绿色、花冠淡黄色
36	平车前		双子叶	越年生				基生叶、长卵状披针形、椭圆圆形披针形	穗状花序
37	萹蓄		双子叶	1年生	自基部分枝、匍匐、斜展、托叶鞘膜质			狭椭圆形、线状披针形	花遍生于全株叶腋、(花被)暗绿色、白色或淡红色
38	叉分蓼		双子叶	1年生	直立或斜升、叉状分枝、托叶鞘膜质			披针形、椭圆形、长圆形、长圆状条形	圆锥花序、顶生、大型、开展、白色或淡黄色

（续）

序号	杂草名称	有无孢子茎和孢子囊	单子叶双子叶	生活史类型	茎	秆	叶鞘	叶片	花序和花
39	酸模叶蓼		双子叶	1年生	分枝、托叶鞘筒状、膜质	无毛		披针形、宽披针形，新月形黑褐色斑点	数个花穗构成的圆锥状花序，淡绿色或粉红色
40	尼泊尔蓼		双子叶	1年生	直立或倾斜、分枝、细弱，托叶鞘膜质			卵形、三角状卵形、卵状披针形	头状花序，顶生、腋生，淡紫红色或白色
41	冬葵		双子叶	2年生	星状长柔毛			叶互生、肾形、近圆形，掌状5或7浅裂	花小、淡红色，花萼杯状，5齿裂
42	丁香蓼		双子叶	1年生	直立、分枝，绿色或淡紫色			狭条状披针形、长圆状披针形	花单生于叶腋，黄色
43	马齿苋		双子叶	1年生	伏卧，暗红色，肉质			肉质，楔状长圆形，倒卵形	花小、黄色
44	苦蘵		双子叶	1年生	纤细、分枝			卵形、卵状椭圆形	花冠淡黄色、紫色斑纹，花药蓝紫色
45	龙葵		双子叶	1年生	直立、分枝			卵形	聚伞花序状、花序侧生，短蝎尾状，花药黄色
46	香附子		单子叶	多年生	根状茎、匍匐	锐三棱形	棕色，裂成纤维状		聚伞花序，辐射枝、穗状花序
47	毛臂形草		单子叶	1年生		密生柔毛	光滑	卵状披针形	总状花序
48	虎尾草		单子叶	1年生		丛生，光滑无毛	松弛，背部具脊	披针形条状	秆顶，小穗排列在穗轴之一侧

（续）

序号	杂草名称	有无孢子茎和孢子囊	单子叶双子叶	生活史类型	茎	秆	叶鞘	叶片	花序和花
49	马唐		单子叶	1年生		丛生，光滑无毛	松弛包茎，疏生疣基软毛	线状披针形	总状花序
50	稗		单子叶	1年生		光滑无毛		条形，无叶舌	圆锥花序，尖塔形
51	牛筋草		单子叶	1年生		丛生，压扁	有脊，鞘口常有柔毛	扁平或卷折	穗状花序，簇生于秆顶，呈指状
52	画眉草		单子叶	1年生		丛生，直立，基部膝曲	疏松裹茎	线形，扁平或内卷	圆锥花序，较开展
53	千金子		单子叶	1年生		丛生，直立，基部膝曲		扁平或多少卷折	圆锥花序
54	金色狗尾草		单子叶	1年生				线形，顶端长渐尖，基部钝圆	圆柱状花序，圆锥状，金黄色或稍带褐色
55	狗尾草		单子叶	1年生		丛生，直立或倾斜		线状披针形，顶端渐尖，基部圆形	圆锥花序，紧密，圆柱状
56	芦苇		单子叶	多年生	匍匐，根状茎		圆筒形	扁平，光滑或边缘粗糙	圆锥花序，顶生，稠密
57	狗牙根		单子叶	多年生	匍匐		鞘口常有柔毛	线形	穗状花序，花序轴直立
58	铺地黍		单子叶	多年生				质硬，坚挺，线形，先端渐尖，腹面粗糙或被毛	圆锥花序，开展

用户可根据田间所见，在"智能诊断"中选择筛选条件，针对每一个分类项，可单选也可多选，系统将根据所有分类项选中关键词与知识库中对应字段进行匹配，全部关键词逐字匹配成功的，将列出命中的病虫草害种类的备选项，供用户进一步比对确认。用户在使用智能诊断功能时，可注意系统的逻辑区分层次，以便快速准确地进行匹配。以21种棉花病害为例，区分层次可分为3步：①从发病部位区别出以下几种类型，黄萎病、枯萎病等系统侵染性病害发病部位较多且包含维管束，8种苗期病害发病部位为幼苗、子叶、幼茎、真叶、茎基部等，9种铃期病害发病部位主要是棉铃（幼铃、成铃），茎枯病和早衰则是全株各部位都能发生。②在同一类型的病害中，又可以发病部位形态特征的细节进行区分。如黄萎病和枯萎病，整张叶片的发病状态，前者是"掌状花斑、西瓜皮状"，而后者是"黄色网纹"；同样是维管束变色，前者是显"黄褐色条纹"，而后者是"半边变为褐色"。③对于具有肉眼可见的病原菌子实体的病害，即具有可判断的病征，如棉铃红粉病具有"淡红色粉状物"、棉苗猝倒病有"白色絮状物"等，则可在"病征"这一分类项中进行快速判断（仅在这一分类项中单选，会大大提高筛选效率和准确率）。

2.3　用户角色与信息服务

为了在生产实践中最大限度地发挥提供知识、答疑解惑的作用，系统基于不同的用户角色（见表8-4）和技术需求，提供不同层次的服务。

表8-4　系统APP用户角色与功能权限

角色名称	权限设置	可操作功能项	角色获得途径
超级管理员	最高权限	知识库维护；会诊管理；通知下发；上报信息处理；专家管理；信息更新；用户设置	系统开发操作
普通管理员	普通管理权限	知识库维护；会诊管理；通知下发；上报信息处理；专家管理；信息更新	后台管理操作
专家	普通权限	对上报信息进行评估，给出意见；信息上报；会诊问题回答	后台管理操作
专业用户	普通权限	信息上报；病、虫、草害提问；会诊问题回答	个人注册、身份认证
普通用户	最低权限	病、虫、草害提问；会诊问题回答	个人注册

2.3.1　基础信息服务

鉴于棉花受害症状诊断和病虫草害种类鉴定是生产上最常见、最普遍的问题，且棉农不具备植保专业知识，基层技术人员往往仅依据经验判断，现有的知

识图册篇幅受限等，系统面向在Android平台上安装APP应用程序的所有用户，提供知识库浏览查询、智能诊断的基础服务。知识库既可在具备上网条件的环境下实时浏览，也可免费下载到本地保存，且缓存的知识库运转不受网速的限制，为在新疆等偏远地区野外调查时使用系统提供了方便。

2.3.2 专业问答服务

对于经手机号注册的普通用户，系统为其提供了在专家会诊模块中提问和回答的功能，这是为了解决知识库中未含有的症状判断和种类鉴定问题（图8-2）；对于进一步通过身份认证的专业用户，系统还为其提供了信息上报功能，这是为了解决基层技术人员在实地调查过程中可能提出的新发种类判定问题（图8-3）。对于使用专家诊断和信息上报功能的用户，系统为其提供了指向性服务，可以指定某一位或某一类专家进行咨询，也可以对系统的所有使用者进行咨询；相应的，专家回答问题的内容，也对提问的人员范围可见。同时，对于两个功能模块中交流的信息，系统通过内部设置自动采集信息产生的时间和地点（经、纬度等位置数据），并引导专业用户对新发现的为害类型、为害部位、为害照片（文件大小不超过200kB）、位置标定（利用手机自带定位系统）等内容进行填报。通过设定提问和回答的范围、自动采集地理位置和引导新发信息内容填报等，可进一步提高系统解决问题的准确性和效率。

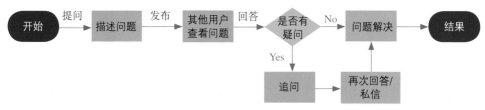

图8-2 系统APP专家会诊业务流程

2.4 专家库构成

在系统知识库构建、智能诊断和专家诊断功能设置过程中，相关专家慷慨无私、献文献策，保障了系统开发设计和功能实现进度。为了在系统推广应用过程中，继续发挥相关专家在病虫草害症状诊断、新发种类鉴定等方面的作用，构建了定向服务于本系统的专家库。从专业构成上，专家库涵盖棉花病害、虫害、草害三个专业方向，分别有专家13人、27人和5人，都是具备扎实的理论功底和长期实践经验的高级职称研究人员，并且具有服务基层的热情和解决问题的精力。从地域分布上，专家库中既有中国农业科学院植物保护研究所、棉花研究所等全国性科研单位的专家，也包括新疆、河北、河南、山东、江苏、湖北等植棉

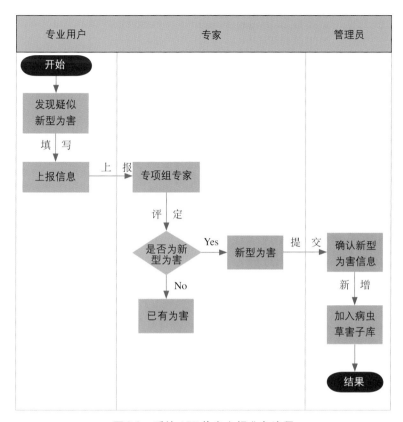

图8-3 系统APP信息上报业务流程

大省的省级科研单位的专家,特别是邀约到了新疆农业大学、石河子大学、塔里木大学的新疆地方高校的专家,这对集中体系优势、解决特色问题具有重要意义,尤其是在地广人稀、专业人员相对缺乏而棉花种植面积占全国2/3的新疆,这些熟悉病虫草害区域性发生分布情况的专家将起到更为突出的作用。

2.5 后台管理

系统服务器端称为"棉花病虫草害调查诊断与决策支持后台管理系统",主要基于客户端APP提供的各项服务,设置了相应的管理功能。服务器端管理界面只对超级管理员和普通管理员开放。管理员可在后台管理系统中对系统所有的功能模块进行管理,并执行通知下发、确认新型为害、维护知识库等高级任务,特别是可判定确认用户身份、判断问题专业性等,这对维持系统的有序运行具有重要意义。

1)数据库维护:对7个子库的所有文字和图片进行编辑、新增和删除,从而保证知识库的动态修正和知识更新。

2）会诊管理：对APP应用中"专家会诊"模块中用户提出的所有问题进行管理，如查阅问题的文字内容、相关图片和提问位置信息，回答该问题，审核该问题的专业性或有效性从而决定是否删除等；对参与会诊的所有用户进行管理，如查阅该用户的提问数和回答数，根据其专业表现决定是否取消其注册用户资格等。

3）上报信息处理：查阅上报信息的人员、内容、时间、位置信息等相关内容，并根据其有效性决定是否存入知识库（新型为害库或对应的子库）。

4）通知下发：编辑通知的标题、正文、附件，并选定下发范围后发送（图8-4）。

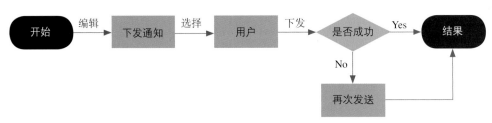

图8-4　系统APP通知发布流程

5）专家管理：按病害专家、虫害专家、草害专家三个类型对系统邀约的所有专家进行管理，以便在"专家会诊"中提供对应的指向性服务，可对专家姓名、联系方式、所属单位、个人简介等信息进行编辑。

6）信息更新：对APP首页面中滚动显示的图片，可在"幻灯片信息"管理中进行更换或删除；对APP首页下拉页面中的"专家解读"和"科学普及"等相关论文，可进行编辑和删除。

7）用户设置：该管理功能只对超级管理员可见，可新增或删除普通管理员，并对普通管理员进行权限设置。

第9章

"棉保"APP应用程序使用指南

目前，智能手机已成为人们获取信息和联系交流的重要载体。由于其价格低廉、应用简单、操作方便，融通话、多媒体播放、上网等多功能于一体，智能手机在全球范围内得到了广泛应用；同时，由于我国农村消费者获得智能手机的门槛降低，已有越来越多的用户在手机上开展与互联网相关的业务，这为棉花病虫草害基础知识的普及提供了契机。为了便于棉花病虫草害调查诊断与决策支持系统在互联网中的传播普及和在棉花生产实践中的推广应用，我们秉承简单易用、快速高效的设计理念，开发了"棉保"APP应用程序，取"保护棉花生产"之意，以期为广大棉农和植保技术人员提供一个基础学习、答疑解惑和探讨交流的平台。

1 "棉保"APP应用程序获得与安装

用户使用手机中自带"扫一扫"、手机浏览器"扫一扫"、微信"扫一扫"或其他"扫一扫"工具，扫描"棉保"二维码（图9-1），下载"棉保"APK文件（mianbao_2.4.1.20170726.apk，版本会不定时更新）至手机本地（图9-2），下载完成后，点击"棉保"APK文件并根据操作提示进行安装（图9-3）。

此外，用户还可以通过已安装的用户分享，获得"棉保"APK文件，通过无线或有线传输方式，保存到用户手机本地，点击"棉保"APK文件并根据操作提示进行安装。

图9-1 "棉保"APP二维码　图9-2 "棉保"APK文件下载

215

图9-3 "棉保"APK文件安装

2 "棉保"APP的首页应用界面

用户安装"棉保"APP后，即可直接打开应用程序，使用首页的各项功能，主要是系统知识库浏览查询。

2.1 首页主界面

首页主界面上以图标的形式展示了系统内置的各个知识库，并提供点击进入浏览查询的入口，主要有"病害""虫害""草害"3个主要子知识库按钮及其"诊断"按钮，"棉花害虫标本库""棉花次要害虫库""棉田天敌昆虫库""雌虫卵巢发育库"按钮（图9-4）。如果在首页向上滑动，还可看到"除草剂药害库"和"生理性病害库"按钮，以及"专家解读"和"科学普及"等农业资讯栏目（图9-5）。此外，在首页最上方还有一个快速搜索栏，可通过下拉选择"病害""虫害""草害"种类（图9-6），并输入相应的种类名称，即可搜索并直接进入该种病、虫、草害的知识库页面，如输入"黄萎病"，并点击"搜索"，即可提供"棉花黄萎病"的入口（图9-7）。

2.2 病害库的浏览查询与智能筛选

在首页主界面上点击"病害"图标，即可进入"病害"知识库。该知识库浏览界面以"症状图片＋病害名称"的形式展示各种病害，并提供点击入口（图

图9-4 "棉保"APP首页主界面

图9-5 "棉保"APP首页主界面-上滑显示

图9-6 "棉保"APP首页快速搜索栏

图9-7 "棉保"APP首页快速搜索示例

9-8），用户可以通过上滑页面，浏览该知识库中所有的21种病害，并选择任何一种进入该病害的详述界面；同时，病害库也具有快速搜索的功能，可通过输入病害名称（图9-9），直接进入该病害的详述界面。如，点击"棉花黄萎病"图表按钮或输入该病害名称，即可进入其详述界面（图9-10），包括该病害的概述、症状、病原菌形态特征、发生规律、防治要点等基础知识；用户可通过上下滑动，浏览查询所有文字，并可点击图库符号的缩略图，全屏显示该病害的所有图片（图9-11）。

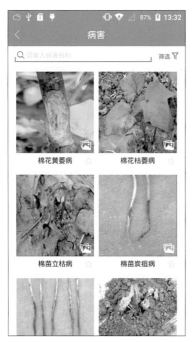

图9-8　病害库浏览页面

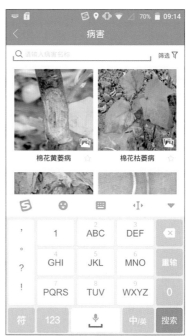

图9-9　病害库快速搜索

棉花黄萎病

概述

棉花黄萎病，又称棉花"癌症"，是棉花生产上为害严重的两大病害之一，在我国各棉花生产区域均有分布。该病在黄河和长江流域的温暖潮湿地区发生普遍而严重，一般造成减产15%～20%，严重的可达50%以上，甚至绝收。

症状

棉花黄萎病由于受棉花品种抗病性、病原菌致病力及环境条件的影响，呈现不同症状。在自然条件下，现蕾以后才逐渐发病，一般在8月下旬吐絮期发病达到高峰。由下部叶片开始发病，逐渐向上发展，病叶边缘稍向上卷曲，叶脉间产生淡黄色不规则的斑块，叶脉附近仍保持绿色，呈掌状花斑，类似花西瓜皮状；有时叶脉间出现紫红色失水萎蔫不规则的斑块，斑块逐渐扩大，变成褐色枯斑，甚至整个叶片枯焦，植株脱落光秆；有时在病株的茎部或落叶的叶腋里，可发出赘芽和枝叶。在棉花铃期，盛夏久旱后遇暴雨或大水漫灌时，田间有些病株常发生急性型黄萎症状，首先棉叶呈水烫样，然后突然萎垂，迅速脱落成光秆。剖开茎秆检查维管束，从茎秆到枝条甚至叶柄，内部维管束全部变褐。一般情况下

图9-10　病害种类详述——棉花黄萎病

图9-11　病害种类详述——棉花黄萎病全屏图片

　　病害库浏览界面上方、快速搜索栏的右侧，提供了智能筛选的功能。点击"筛选"，进入系统预设的筛选条件，用户可根据田间实际观察情况，在"发病部位""病状（发病部位形态特征）"（图9-12）和"病征（病原菌子实体）"（图9-13）所列的关键词中，各选择1个或多个关键词，点击"完成"，则系统可给出符合描述特征的备选病害种类。如，在"发病部位"中选择"茎基部"，在"病状"中选择"萎蔫"，系统则给出棉苗立枯病、棉苗炭疽病和棉苗猝倒病3个备选种类的点击入口（图9-14），供用户查询详情。值得注意的是，如果用户选择

图9-12　病害库筛选——发病部位和病状

图9-13　病害库筛选——病征

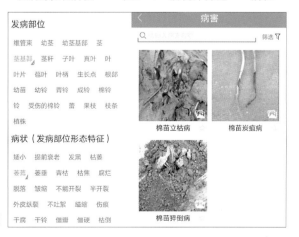

图9-14　病害库智能筛选示例

的关键词过多，或者关键词本身就包括了多种病害的症状，则系统无法通过关键词匹配给出合适的备选病害种类，因此，在使用筛选功能时，应注意把握重点，选择田间所见的最明显、最典型的特征对应的关键词。

2.3 虫害库的浏览查询与智能筛选

在首页主界面上点击"虫害"图标，即可进入虫害知识库。该知识库浏览界面以"为害图片＋害虫名称"的形式展示各种虫害，并提供点击入口（图9-15），用户可以通过上滑页面，浏览该知识库中所有的37种虫害（包括螨类和软体动物），并选择任何一种进入该虫害的详述界面；同时，虫害库也具有快速搜索的功能，可通过输入害虫名称（图9-16），直接进入该虫害的详述界面。如，点击"绿盲蝽"图表按钮或输入该害虫名称，即可进入其详述界面（图9-17），包括该虫害的概述、为害状、害虫形态特征、发生规律、防治要点等基础知识；用户可通过上下滑动，浏览查询所有文字，并可点击图库符号的缩略图，全屏显示该虫害的所有图片（图9-18）。

虫害库浏览界面上方、快速搜索栏的右侧，提供了智能筛选的功能。点击"筛选"，进入系统预设的筛选条件，用户可根据田间实际观察情况，在"为害

图9-15　虫害库浏览页面

图9-16　虫害库快速搜索

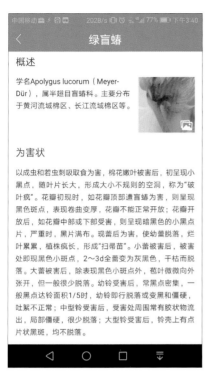

图9-17　虫害库种类详述——绿盲蝽文字　　图9-18　虫害库种类详述——绿盲蝽全屏图片

部位""为害方式"（图9-19）和"植株受害状""害虫痕迹"（图9-20）所列的关键词中，各选择1个或多个关键词，点击"完成"，则系统可给出符合描述特征的备选虫害种类。如，在"为害部位"中选择"叶背"，在"为害方式"中选择"刺吸"，系统则给出朱砂叶螨和土耳其斯坦叶螨2个备选种类的点击入口（图9-21），供用户查询详述。用户使用虫害库智能筛选功能时，同样应注意把握重点，选择田间所见的最明显、最典型的特征对应的关键词，以提高匹配的速率和准确率。

2.4　草害库的浏览查询与智能筛选

在首页主界面上点击"草害"图标按钮，即可进入草害知识库。该知识库浏览界面以"杂草形态图+名称"的形式展示各种草害，并提供点击入口（图9-22），用户可以通过上滑页面，浏览该知识库中所有的58种杂草，并选择任何一种进入该杂草的详述界面；同时，草害库也具有快速搜索的功能，可通过输入杂草名称（图9-23），直接进入该草害的详述界面。如，点击"问荆"图表按钮或输入该杂草名称，即可进入其详述界面（图9-24），包括该杂草的概述、形态特征、防除要点等基础知识；用户可通过上下滑动，浏览查询所有文字，并可点击图库符号的缩略图，全屏显示该草害的所有图片（图9-25）。

图9-19　虫害库筛选——为害部位和
为害方式

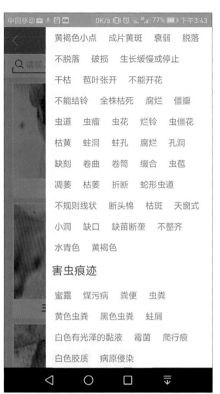

图9-20　虫害库筛选——植株受害状和
害虫痕迹

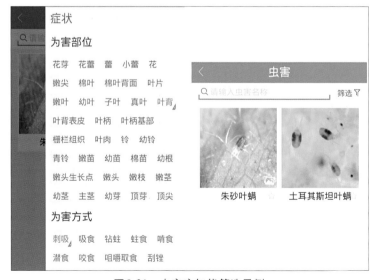

图9-21　虫害库智能筛选示例

图9-22　草害库浏览页面

图9-23　草害库快速搜索

问荆

概述

问荆（*Equisetum arvense* L.），木贼科，木贼属。别名：笔头草、土麻黄、马草、接骨草、马虎刚。防除难度大，广布全国棉区，局部中度为害。

形态特征

根状茎长而横走。地上茎二型，软草质。营养茎在孢子茎枯萎后生出，高15~60cm，具6~12条纵棱，分枝轮生，中实，鲜绿色，表面粗糙。叶退化成鞘，鞘齿披针形，黑褐色，边缘灰白色，厚草质，不脱落。孢子茎早春先发，高5~20cm，常呈紫褐色，肉质，粗壮，单一，叶鞘较孢子叶的长而大；孢子囊顶生，椭圆形，钝头；孢子叶盾状，下面生6~8个孢子囊；孢子一型，孢子成熟后孢子茎即枯萎。

多年生草本。根状茎繁殖为主，也可孢子繁殖。

防除要点

（1）化学防除。选择性除草剂防除难度大。棉花苗后茎叶定向喷雾处理，可用草甘膦，在现蕾期后、植株高30cm以上，每667m²用41%草甘膦异丙胺盐水剂200~30

图9-24　草害库种类详述——
　　　　　问荆文字

1/2

图9-25　草害库种类详述——问荆
　　　　　全屏图片

图9-26　草害库筛选——有无孢子茎和孢子囊、单子叶/双子叶、生活史类型和茎

草害库浏览界面上方、快速搜索栏的右侧，提供了智能筛选的功能。点击"筛选"，进入系统预设的筛选条件，用户可根据田间实际观察情况，在"有无孢子茎和孢子囊""单子叶/双子叶""生性"、"茎"（图9-26），"秆""叶鞘""叶片"（图9-27）和"花序和花"（图9-28）所列的关键词中，各选择1个或多个关键词，点击"完成"，则系统可给出符合描述特征的备选杂草种类。如，在"单子叶/双子叶"中选择"双子叶"，在"生性"中选择"多年生"，在"茎"中选择"缠绕"，系统则给出葎草、打碗花和田旋花3个备选种类的点击入口（图9-29），供用户查询详情。用户使用草害库智能筛选功能时，同样应注意把握重点，选择田间所见杂草的最明显、最典型的形态特征对应的关键词，以提高匹配的速率和准确率。此外，对难以把握的专业术语，如花序的种类，是圆锥花序、总状花序、团伞花序还是聚伞花序等，应谨慎选择，否则容易得出错误的备选项。

图9-27　草害库筛选——秆、叶鞘和叶片

图9-28　草害库筛选——花序和花

图9-29 草害库智能筛选示例

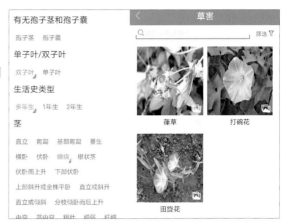

2.5 棉花害虫标本库的浏览查询

在首页主界面上点击"棉花害虫标本库"图标按钮，即可进入该知识库浏览。该知识库浏览界面以"害虫标本形态图+中文学名+拉丁文学名"的形式展示各种害虫标本，并提供点击入口（图9-30），点击后，即可查看该种害虫标本的全屏图片（图9-31）。同时，该知识库也具有输入害虫名称快速搜索的功能。

2.6 棉花次要害虫库的浏览查询

在首页主界面上点击"棉花次要害虫库"图标按钮，即可进入该知识库浏览。该知识库浏览界面以"害虫为害图片+中文学名+拉丁文学名"的形式展示各种害虫田间为害状态，并提供点击入口（图9-32），点击后，即可查看该种害虫为害的全屏图片（图9-33）。同时，该知识库也具有输入害虫名称快速搜索的功能。

2.7 棉田天敌昆虫库的浏览查询

在首页主界面上点击"棉田天敌昆虫库"图标按钮，即可进入该知识库浏览。该知识库浏览界面以"天敌昆虫图片+中文学名+拉丁文学名"的形式展示各种天敌昆虫，并提供点击入口（图9-34），点击后，即可查看该种害虫为害的全屏图片（图9-35）。同时，该知识库也具有输入昆虫名称快速搜索的功能。

2.8 雌虫卵巢发育库的浏览查询

在首页主界面上点击"雌虫卵巢发育库"图标按钮，即可进入该知识库浏览。该知识库浏览界面以"卵巢解剖图片+中文学名"的形式展示6种重要害虫的卵巢发育级别，并提供点击入口（图9-36），点击后，即可查看该种害虫卵巢发育各级别的全屏图片（图9-37）和详细分级特征（图9-38）。同时，该知识库

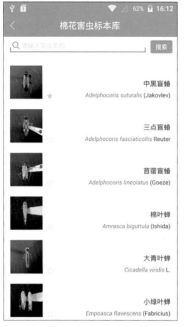

图9-30　棉花害虫标本库浏览页面

图9-31　棉花害虫标本库种类详述——中黑盲蝽全屏照片

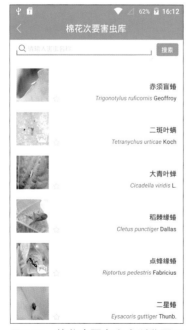

图9-32　棉花次要害虫库浏览页面

图9-33　棉花次要害虫库种类详述——赤须盲蝽全屏照片

图9-34 棉田天敌昆虫库浏览页面

图9-35 棉田天敌昆虫库种类详述——方斑瓢虫全屏图片

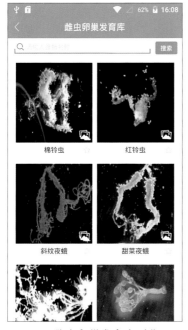

图9-36 雌虫卵巢发育库浏览页面

图9-37 雌虫卵巢发育库——棉铃虫全屏图片

227

图9-38 雌虫卵巢发育库种类详述——棉铃虫雌虫卵巢发育各级别特征

也具有输入昆虫名称快速搜索的功能。

3 "棉保"APP的专业应用界面

3.1 专业用户的登录与注册

"棉保"APP的首页功能对所有下载安装应用程序的用户开放，如需进一步使用专家会诊、信息互通等功能，则需按照不同的身份角色注册并登录。点击应用程序下方"会诊""信息""我的"图标按钮时，均跳转至登录/注册页面，系统提示输入手机号作为登录名，并输入密码进行登录（图9-39）。如果尚未注册，则点击"立即注册"，进入注册页面（图9-40），用户可通过输入本人手机号码获得验证码；点击"立即注册"后，可进入"注册信息"页面（图9-41），按照系统提示，添加"头像""昵称"，选择"用户角色"（普通用户可使用"会诊"和"我的"功能，植保人员还可使用"信息"功能），并设置"登录密码"，点击"保存"后，即可注册。如果已注册用户忘记密码，则可点击登录页面中"忘记密码"，通过注册手机号获得验证码后，重置新密码（图9-42），然后登录。

图 9-39 "棉保" APP登录页面

图 9-40 "棉保" APP注册页面

图 9-41 "棉保" APP注册信息页面

图 9-42 "棉保" APP密码重置页面

3.2 "会诊" 功能应用

通过系统注册的用户（普通用户/植保人员）和系统后台设置的用户（专家/管理员）均可使用"会诊"功能模块（图9-43），但可操作的子菜单有所不同：普通用户/植保人员可见到"最新问题""我的提问""我的回答"和"我的收藏"，专家可见到"最新问题""求助问题""我的回答"和"我的收藏"，管理员可见到"最新问题""我的回答"和"我的收藏"（图9-44）。其中，"最新问题"是系统默认的会诊主页面，显示系统接收到的最新问题的简况；"我的提问"或"求助问题"显示以普通用户/植保人员或专家身份提交的问题简况；"我的回答"和"我的收藏"分别显示对某些问题的回答简况和备份情况。

图9-43 "棉保"APP会诊界面　　图9-44 不同角色可使用的会诊功能

　　用户点击"会诊"页面右上角的提问图标，即可进入"提问"页面（图9-45），按照系统提示，具体描述棉花受害情况（100个中文字符以内），添加受害照片，自动标定地理位置（需开启手机定位功能），并选择求助单个专家（点击"@求助专家"）或者推送给专家组（下拉菜单选择）。

　　用户点击"会诊"主页面（"最新问题"页面）上的"回答"按钮，即可进入"回答"页面（图9-46），按照系统提示，输入回答内容（100个中文字符以内），也可添加佐证照片，点击"提交"，即可完成问题的回答。

3.3 "信息"功能应用

　　通过系统注册的用户（普通用户/植保人员）和系统后台设置的用户（专家/管理员）均可使用"信息"功能模块，但可操作的子菜单有所不同：普通用户只能浏览系统发出的"通知信息"，植保人员、专家可使用"上报信息"功能。管理员可使用"下发通知"功能。

　　植保人员用户点击"信息"页面右上角的上报图标，即可进入"上报"页面（图9-47），按照系统提示，选择"为害类型"（下拉菜单选择病害/虫害/草害）、"为害部位"（下拉菜单选择子叶/茎/叶片/花/蕾/铃/根）和"发现时间"（下拉菜单选择日期），添加"为害照片"，点击"标定地理位置"（需开启手机定位功能）（图9-48），并输入"发现地点""发现人员"和"工作单位"等信息，点击"上报"即可。

图9-45 "棉保"APP提问页面

图9-46 "棉保"APP回答页面

图9-47 "棉保"APP上报信息页面

图9-48 "棉保"APP上报信息的
位置标定

专家用户点击"信息"页面右上角的上报图标，进入"上报"页面，则可根据上报的具体信息，判断为"已有为害"或"新型为害"，并将意见上报至系统（图9-49）。管理员可登录后台管理系统，在专家意见的基础上确认为害类型。

管理员用户点击"信息"页面右上角的下发图标，则进入"下发通知"页面（图9-50），可编辑通知标题、通知正文、添加附件、选择发送对象（下拉菜单选择普通用户/植保人员/专家/全部用户），并点击"下发"完成。管理员也可登录后台管理系统下发通知。

3.4 "我的"功能应用

通过系统注册的用户（普通用户/植保人员）和系统后台设置的用户（专家/管理员）均可使用"我的"功能模块（图9-51），对"我的收藏"（在浏览知识库和会诊过程中均可收藏相关内容）、"消息设置"（接受系统消息的方式）、"密码修改""清除缓存"等系统使用方式进行设置，并可在这一界面选择"退出当前登录"。

图9-49 "棉保"APP上报信息——专家判定

图9-50 "棉保"APP下发通知页面

图9-51 "棉保"APP"我的"页面